M HARI PRASAD
P VENKATA RAMAIAH

Otimização dos parâmetros do processo de EDM de AMMC híbrido

M HARI PRASAD
P VENKATA RAMAIAH

Otimização dos parâmetros do processo de EDM de AMMC híbrido

ScienciaScripts

Imprint
Any brand names and product names mentioned in this book are subject to trademark, brand or patent protection and are trademarks or registered trademarks of their respective holders. The use of brand names, product names, common names, trade names, product descriptions etc. even without a particular marking in this work is in no way to be construed to mean that such names may be regarded as unrestricted in respect of trademark and brand protection legislation and could thus be used by anyone.

Cover image: www.ingimage.com

This book is a translation from the original published under ISBN 978-3-639-76469-7.

Publisher:
Sciencia Scripts
is a trademark of
Dodo Books Indian Ocean Ltd. and OmniScriptum S.R.L publishing group

120 High Road, East Finchley, London, N2 9ED, United Kingdom
Str. Armeneasca 28/1, office 1, Chisinau MD-2012, Republic of Moldova, Europe
Printed at: see last page
ISBN: 978-620-8-29590-5

Conteúdo

Agradecimentos

Antes de mais, gostaria de expressar a minha sincera gratidão ao meu supervisor de investigação, **Dr. P. VENKATARAMAIAH**, *Professor, Departamento de Engenharia Mecânica, Faculdade de Engenharia da Universidade Sri Venkateswara, Tirupati, pelo seu apoio infinito, conselhos valiosos e encorajamento contínuo durante o meu estudo de doutoramento, sem os quais esta tese não teria sido concluída ou escrita. De facto, devo o meu interesse pelos materiais compósitos à sua aceitação inicial e à sua motivação significativa para esta tese.*

R V S SATHYANARAYANA *e ao* **Prof. S NARAYANA REDDY**, *Reitor da Faculdade de Engenharia da Universidade Sri Venkateswara, Tirupati, por terem dado esta oportunidade de realizar este trabalho de investigação.*

V. DIWAKAR REDDY, *Diretor do Departamento de Engenharia Mecânica da Faculdade de Engenharia da Universidade Sri Venkateswara, Tirupati, pelas sugestões dadas durante o seminário de pré-apresentação.*

Os meus sinceros agradecimentos ao **Dr. K. DHARMA REDDY**, *Professor Assistente,* **ao Dr. P. HEMA**, *Professor Assistente, e ao* **Dr. A SRINIVASULU REDDY**, *Professor Assistente, pelas sugestões que me deram durante o seminário de pré-apresentação.*

Estendo os meus agradecimentos ao pessoal técnico da oficina de Engenharia Mecânica, ao pessoal não docente e aos membros do corpo docente do Departamento de Engenharia Mecânica pela sua amável cooperação neste domínio.

Agradeço profundamente aos meus pais, **Sr. M.GOVINDAIAH** *e* **Smt. M.KANNAMMA**, *pelas suas bênçãos, encorajamento e apoio.*

Estou grato à minha querida esposa, **Sra. P.KAVITHA**, *à minha filha* **M.RIYA** *e ao meu filho* **M.GURU RISHITH** *pela sua paciência e compreensão durante o meu envolvimento total no trabalho de investigação.*

Gostaria de agradecer a todos os amigos e a todos aqueles que, direta ou indiretamente, me ajudaram com o seu encorajamento e apoio moral durante a realização deste trabalho.

HARI RASAD M

RESUMO

Atualmente, os sectores automóvel e aeroespacial estão a demonstrar um maior interesse nos compósitos de matriz metálica de alumínio (AMMC) devido às suas propriedades atractivas. As rápidas melhorias em sectores como o automóvel, o aeroespacial e o militar exigem o desenvolvimento de novos materiais com qualidades específicas. Os compósitos de matriz metálica de alumínio (AMMC) são um material compósito de boa aparência que cumpre os requisitos.

A maquinagem de AMMCs por EDM é um campo de atenção para os investigadores, uma vez que a maquinagem convencional de MMCs é complexa e difícil. Os materiais adicionados para aumentar as propriedades desejadas são designados por materiais de reforço, como $B4C$, CNT, Al2O3, TiB2, etc., o que conduz a um maior desgaste da ferramenta de corte e a uma qualidade inferior da superfície de maquinagem. A maquinagem por descarga eléctrica com fio (WEDM) é um método avançado de remoção de material concebido a partir do conceito de processo de maquinagem por erosão com faísca. A WEDM é principalmente utilizada para a maquinagem de materiais duros e também especialmente utilizada para criar formas complexas em quaisquer materiais de trabalho eletricamente condutores. Depois de analisar a literatura, foram definidos os seguintes objectivos para o presente trabalho com base nas lacunas da literatura.

• Preparar amostras híbridas de AMMC reforçando $B4C/Se/CNT$ com A16101 e testar as amostras preparadas quanto a diferentes propriedades.

• Para identificar o melhor compósito entre os compósitos desenvolvidos que possuem todas as propriedades através da análise dos dados de ensaio.

• Realizar experiências em AMMC híbrido por EDM sob diferentes condições de maquinagem para estudar as respostas à maquinagem.

• Analisar as respostas de maquinação para seleção dos parâmetros ideais do processo EDM e validação dos resultados ideais através de testes de confirmação.

Para cumprir os objectivos acima referidos, o presente trabalho foi realizado em três fases. Na primeira fase, as amostras compósitas são fabricadas utilizando o método de fundição por agitação. Nesta fase, o Al6101 é utilizado como material de matriz, o carboneto de boro ($B4C$) e os nanotubos de carbono (CNT) são considerados materiais de reforço com uma relação de peso fixa de 0,7% e 0,15%, respetivamente, juntamente com o selénio (Se) como material composto com uma relação de peso de 0,7%. Além disso, foram preparadas amostras de compósitos $Al_{6101-Se/B4C/CNT}$ (S1, S2, S3, S4, S5) com diferentes combinações de materiais de reforço e testadas as suas caraterísticas, nomeadamente dureza, resistência à corrosão, resistência ao desgaste, resistência à flexão e condutividade eléctrica. O melhor material (S5), que possui todas estas boas propriedades, é selecionado entre os compósitos desenvolvidos através da análise dos dados das caraterísticas utilizando a GRA, tendo em vista a redução do custo e do tempo experimental.

Na segunda fase, são realizados dois conjuntos de experiências EDM no compósito selecionado (S5): Al6101- $Se/B4C/$ CNT. Os dados experimentais das respostas à maquinagem, como a rugosidade da superfície, a taxa de remoção de material, a largura do corte e o desgaste da ferramenta, são medidos para cada ensaio experimental. Para o primeiro conjunto, as experiências são conduzidas de acordo com um desenho experimental fatorial completo para diferentes combinações de parâmetros, como o tipo de eletrólito, a tensão do fio e a alimentação do fio. Os valores óptimos dos parâmetros são identificados utilizando a GRA. Para o segundo conjunto, as experiências EDM são realizadas no mesmo compósito de acordo com o desenho experimental de Taguchi para diferentes combinações de parâmetros, tais como o tipo de fio do elétrodo, Ton, $Toff$ e corrente de pico, fixando o tipo de eletrólito, a tensão do fio e a alimentação do fio como constantes que são retiradas do primeiro conjunto de dados experimentais. Os dados experimentais das respostas à maquinagem são medidos para cada ensaio experimental.

Na terceira fase, a influência dos parâmetros do processo nas respostas é estudada através da sua análise e são selecionados os parâmetros ideais do processo. Estes resultados são validados através de testes de confirmação. A análise da variância também é utilizada para identificar a ordem dos parâmetros do processo influentes nas respostas.

Este estudo fornece condições ideais de maquinagem que podem ser utilizadas para aumentar a taxa de remoção de material, bem como para limitar a rugosidade da superfície, a largura do corte e o desgaste da ferramenta. A partir dos resultados, verifica-se que o compósito desenvolvido tem propriedades adequadas para diferentes aplicações industriais. Esta exploração será um apoio alargado aos fabricantes para melhorar a taxa de produção e a qualidade dos produtos fabricados com o processo WEDM

ORGANIZAÇÃO DA TESE

A tese deste trabalho de investigação, intitulada **"DESENVOLVIMENTO DE AMMCs HÍBRIDAS E SELECÇÃO DE PARÂMETROS DE PROCESSO ÓPTIMOS NA FABRICAÇÃO DE DESCARGAS ELÉCTRICAS"**, está organizada em seis capítulos, como se segue.

Capítulo - 1: Introdução

Neste capítulo, é apresentada uma introdução sobre compósitos, compósitos de matriz metálica, princípio de EDM, parâmetros de processo, efeito dos parâmetros de processo nas respostas de maquinação, aplicações, introdução de métodos de otimização paramétrica e plano do presente trabalho.

Capítulo - 2: Revisão da literatura

Este capítulo apresenta as contribuições de diferentes investigadores sobre o fabrico e as propriedades de um AMMC, a EDM de materiais e a otimização dos parâmetros do processo. Após a revisão da literatura, são apresentadas as lacunas da investigação e os objectivos do presente trabalho.

Capítulo - 3: Desenvolvimento de AMMCs híbridas

Este capítulo trata dos materiais, da preparação de AMMCs híbridos e do ensaio de compósitos para diferentes propriedades. Apresenta também a metodologia AHP-GRA para a seleção do melhor compósito para maquinagem.

Capítulo - 4: Maquinação por descarga eléctrica com fio de AMMC híbrido

Este capítulo trata da configuração da electroerosão, da conceção das experiências, da realização de dois conjuntos de experiências de electroerosão e da medição das respostas à maquinagem.

Capítulo - 5: Seleção dos parâmetros ideais do processo de EDM

Este capítulo trata da seleção de parâmetros de processo óptimos utilizando os métodos GRA-Taguchi e Fuzzy-Taguchi, analisando as respostas à maquinagem. Além disso, apresenta a Análise de Variância para identificar a ordem dos parâmetros de processo influentes nas respostas e também os resultados dos testes de confirmação.

Capítulo - 6: Conclusões

Este capítulo apresenta as conclusões retiradas dos resultados e o âmbito do trabalho futuro.

CAPÍTULO-1

INTRODUÇÃO

1.1 Introdução

Neste capítulo, é apresentada uma introdução sobre compósitos, compósitos de matriz metálica, princípio de EDM, parâmetros de processo, efeito dos parâmetros de processo nas respostas de maquinação, aplicações, introdução de métodos de otimização paramétrica e plano do presente trabalho.

1.2 Materiais compósitos

O compósito é um conjunto de dois ou mais constituintes quimicamente diferentes, combinados macroscopicamente para produzir um material útil. É um material composto por duas ou mais fases distintas (fase matriz e fase de reforço) e com propriedades significativamente diferentes das de qualquer um dos constituintes. Muitos dos materiais comuns (metais, ligas, cerâmicas dopadas e polímeros misturados com aditivos) também têm uma pequena quantidade de fases dispersas nas suas estruturas, mas não são considerados materiais compósitos, uma vez que as suas propriedades são semelhantes às dos seus constituintes de base. As propriedades favoráveis dos materiais compósitos são a elevada rigidez e a elevada resistência, a baixa densidade, a estabilidade a altas temperaturas, a elevada condutividade eléctrica e térmica, o coeficiente de expansão térmica ajustável, a resistência à corrosão, a melhor resistência ao desgaste, a boa condutividade eléctrica, etc.

i. Fase matricial

- A fase primária, de carácter contínuo
- Normalmente, a fase mais dúctil e menos dura
- Mantém a fase de reforço e partilha uma carga com ela.

ii. Fase de reforço

- A segunda fase (fases) está incorporada na matriz de forma descontínua
- Normalmente mais forte do que a matriz, é também designada por fase de reforço.

O principal objetivo do reforço é

- Proporcionam níveis superiores de resistência e rigidez ao compósito.
- Os materiais de reforço proporcionam condutividade eléctrica, propriedades mecânicas melhoradas e resistência ao desgaste, para além das propriedades estruturais.

1.2.1 Compósitos de matriz metálica

Os compósitos de matriz metálica (MMC) são um grupo relativamente novo de materiais caracterizados pelo seu peso leve, resistência ao desgaste e propriedades superiores às dos materiais convencionais. Os compósitos de matriz metálica tornaram-se um dos principais materiais em materiais compósitos e os MMC de alumínio reforçado com partículas têm recebido uma atenção considerável devido às suas excelentes propriedades de engenharia. Estes materiais são conhecidos como materiais difíceis de maquinar, devido à dureza e à natureza abrasiva do reforço. A fase matriz de um compósito de matriz metálica (MMC) é um metal dúctil. Os MMCs são fabricados com o objetivo de terem uma elevada relação resistência/peso, elevada resistência à abrasão e à corrosão, resistência à fluência, boa estabilidade dimensional e resistência a altas temperaturas. As principais vantagens das MMCs são a possibilidade de utilização a altas temperaturas, a elevada relação resistência/peso e a resistência à corrosão por fluidos orgânicos. As MMCs são utilizadas em indústrias como a automóvel, marítima, centrais nucleares e aeroespacial.

Os compósitos de matriz metálica, como todos os compósitos, consistem em pelo menos duas fases química e fisicamente diferentes. Geralmente, existem duas fases, uma fase fibrosa ou particulada numa matriz metálica. Os tipos mais comuns de MMCs são

- Compósito de matriz de alumínio
- Compósito de matriz de magnésio
- Compósito de matriz de titânio
- Compósito de matriz de cobre

O alumínio é a matriz mais popular para os compósitos de matriz metálica. As ligas de Al são bastante atractivas devido à sua baixa densidade, à sua capacidade de serem reforçadas por precipitação, à sua boa resistência à corrosão, à elevada condutividade térmica e eléctrica e à sua elevada capacidade de amortecimento. Os compósitos de matriz de alumínio (AMCs) têm sido amplamente utilizados e oferecem uma grande variedade de propriedades mecânicas, dependendo da composição química da matriz de Al. São normalmente reforçados com CNT, B4C, Grphite, etc.

1.3 Métodos de fabrico

O fabrico destes compósitos é efectuado de acordo com três técnicas: estado sólido, estado semi-sólido e estado líquido. Entre os métodos no estado líquido (stir casting) é o mais utilizado devido ao seu baixo custo e processo de produção natural.

i. Métodos de estado sólido

- Mistura de pós e consolidação: O metal em pó e o reforço descontínuo são misturados e depois ligados através de um processo de compactação, desgaseificação e tratamento termo-mecânico.
- Colagem por difusão de folha metálica: As camadas de folha metálica são ensanduichadas com fibras longas e depois pressionadas para formar uma matriz.

ii. Métodos de estado semi-sólido

- Processamento de pós em estado semi-sólido: A mistura de pós é aquecida até ao estado semi-sólido e é aplicada pressão para formar os compósitos.

iii. Métodos de estado líquido

- Infiltração por pressão: O metal fundido é infiltrado no reforço através da utilização de um tipo de pressão, como a pressão do gás.
- Fundição por compressão: O metal fundido é injetado numa forma com fibras previamente colocadas no seu interior.
- Deposição por pulverização: O metal fundido é pulverizado sobre um substrato de fibra contínua.
- Processamento reativo: Ocorre uma reação química, com um dos reagentes a formar a matriz e o outro o reforço.
- Fundição por agitação: O reforço descontínuo é agitado no metal fundido, que é deixado a solidificar.

Neste trabalho, a fundição por agitação é utilizada para fabricar AMMCs híbridos.

O Stir Casting é um método de fabrico de materiais compósitos no estado líquido, no qual uma fase dispersa (partículas cerâmicas/fibras curtas) é misturada com uma matriz metálica fundida através de agitação mecânica. O material compósito líquido é então fundido por métodos de fundição convencionais e pode também ser processado por tecnologias convencionais de conformação de metais.

O Stir Casting caracteriza-se pelas seguintes caraterísticas:

- O conteúdo da fase dispersa é limitado (geralmente não mais de 30 vol. %).
- A distribuição da fase dispersa ao longo da matriz não é perfeitamente homogénea: Existem nuvens locais (aglomerados) de partículas dispersas (fibras), pode haver segregação por gravidade da fase dispersa devido a uma diferença nas densidades da fase dispersa e da matriz.

1.4 Princípio da EDM

A maquinagem por descarga eléctrica é um processo de maquinagem não convencional que pode maquinar qualquer material condutor de eletricidade, independentemente da sua dureza. No processo EDM, é utilizada uma faísca eléctrica como ferramenta de corte para cortar (corroer) a peça de trabalho e produzir a peça acabada com a forma pretendida. O processo de remoção de metal é realizado através da aplicação de uma carga eléctrica pulsante (ON/OFF) de corrente de alta frequência através do elétrodo para a peça de trabalho [Fig 1.1(a)]

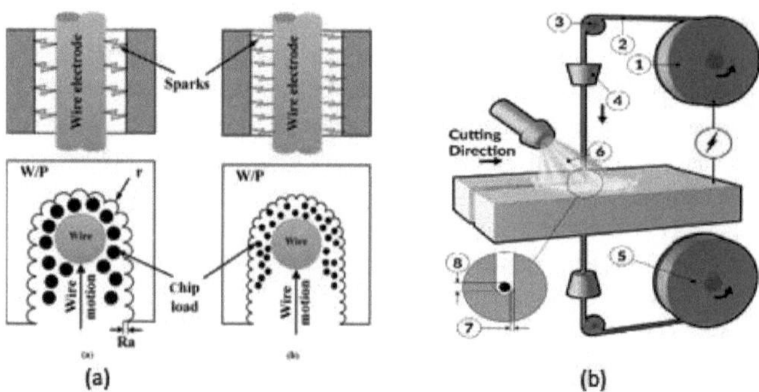

Figura 1.1 Princípio da WEDM

Na EDM, o elétrodo-ferramenta e a peça de trabalho são ligados, respetivamente, aos dois pólos da fonte de energia pulsada e imersos no fluido de trabalho, ou no fluido de trabalho. O elétrodo-ferramenta é introduzido na peça de trabalho através da fenda por um sistema de controlo automático. Quando o espaço entre os dois eléctrodos atinge uma certa distância, a tensão de impulso aplicada nos dois eléctrodos rompe o fluido de trabalho para gerar uma descarga de faísca. Concentrando instantaneamente uma grande quantidade de energia térmica na passagem fina da descarga, a temperatura pode ser tão alta quanto 10.000 graus Celsius ou mais, e a pressão também muda drasticamente, de modo que o material na superfície de trabalho é imediatamente derretido, vaporizado e explosivamente espirrado no fluido de trabalho. O meio condensa-se rapidamente, formando partículas sólidas de metal, que são arrastadas pelo fluido de trabalho. Neste momento, é deixada uma ligeira marca na superfície da peça de trabalho, a descarga é curta e o fluido de trabalho entre os dois eléctrodos é restaurado para o estado de isolamento. A tensão de impulso seguinte é novamente quebrada num outro ponto onde os dois eléctrodos estão relativamente próximos, gerando uma descarga de faísca, e o processo acima é repetido. Assim, embora a quantidade de metal gravado por cada descarga de impulsos seja extremamente pequena, uma vez que há dezenas de milhares de descargas de impulsos por segundo, pode ser gravado mais metal. Sob a condição de manter um intervalo de descarga constante entre o elétrodo-ferramenta e a peça de trabalho, o elétrodo-ferramenta é continuamente alimentado à peça de trabalho enquanto o metal da peça de trabalho está a ser gravado e, finalmente, a forma correspondente à forma do elétrodo-ferramenta é processada.

O método de corte em que um fio carregado eletricamente é introduzido através de uma peça [Fig 1.1(b)] cria uma descarga eléctrica que corta um contorno no seu plano horizontal, a partir de uma bobina de fio [1], um fio [2] é alimentado através de bobinas de guia de fio [3] e unidades de controlo [4]. Para resistir à abrasão, as unidades de controlo são geralmente feitas de diamante. O fio é finalmente recolhido por uma bobina de recolha [5] ou cortado em pedaços mais pequenos quando consumido, A ligação através da fonte de energia faz com que o fio actue como cátodo e a peça de trabalho como ânodo. Quando o elétrodo, neste caso o fio, é colocado perto da peça de trabalho, ocorre uma descarga de faísca, que faz com que o material da peça de trabalho e do fio seja removido; a descarga é suportada por um dielétrico [6], que ajuda a arrefecer o processo e a eliminar o material descomprimido. O processo também pode ser completamente imerso num dielétrico. A faísca faz com que o contorno maquinado seja ligeiramente maior do que o diâmetro do fio [8].

1.5 Parâmetros do processo de EDM

i. Tempo de ativação do impulso

Durante o tempo de impulso (T_{on}), a tensão é aplicada no espaço entre a peça de trabalho e o elétrodo, produzindo assim uma descarga. Quanto maior for o tempo de impulso, maior será a energia aplicada, gerando assim mais energia térmica durante este período. A taxa de remoção de material depende da quantidade de energia aplicada durante o tempo de impulso.

ii. Tempo de desativação do impulso

A redução do tempo de desativação do impulso (T_{off}) pode aumentar drasticamente a velocidade de corte, permitindo descargas mais produtivas por unidade de tempo. No entanto, a redução do impulso pode sobrecarregar o fio, causando a rutura do fio e a instabilidade do corte por não permitir tempo suficiente para evacuar os detritos para a descarga seguinte.

iii. Corrente de pico

A corrente aumenta até atingir um valor pré-definido durante cada tempo de impulso, que é conhecido como corrente de pico. A corrente de pico (PI) é regida pela área de superfície do corte. Uma corrente de pico mais elevada é aplicada durante a operação de desbaste com uma grande área de superfície e vice-versa.

iv. Tensão do servo

A tensão servo actua como a tensão de referência para controlar os avanços e retracções do fio. Se a tensão média de maquinagem for superior ao nível de tensão servo definido, o fio avança e, se for inferior, o fio retrai-se. Quando se define um valor mais baixo, o intervalo médio torna-se mais estreito, o que leva a um aumento do número de faíscas eléctricas, resultando numa maior taxa de maquinagem. É medido em volts (V).

v. Tensão de abertura

A tensão de abertura, também designada por tensão de circuito aberto, especifica a tensão de alimentação a ser colocada na abertura. Quanto maior for a tensão do intervalo, maior será a descarga eléctrica. Se a tensão do intervalo aumentar, a corrente de pico também aumentará.

vi. Alimentação do fio

À medida que a taxa de alimentação do fio aumenta, o consumo de fio, bem como o custo da maquinagem, aumentam. A baixa velocidade do fio causará a quebra do fio a altas velocidades de corte.

vii. Tensão do fio

Dentro de uma gama considerável, um aumento da tensão do fio aumenta significativamente a velocidade e a precisão do corte. Uma tensão mais elevada diminui a amplitude de vibração do fio e, consequentemente, diminui a largura de corte, de modo que a velocidade é mais elevada para a mesma energia de descarga. No entanto, se a tensão aplicada exceder a resistência à tração do fio, provoca a rutura do fio.

1.6. Efeito dos parâmetros nas respostas à maquinagem

A MRR é diretamente proporcional à quantidade de energia aplicada durante um tempo de impulso (T_{on}). Quanto maior for o valor do tempo de impulso, maior será a energia produzida, o que conduzirá à geração de mais energia térmica. Com valores mais elevados de Ton, a rugosidade (Ra) tende a ser mais elevada. O valor mais elevado da energia de descarga pode também causar a quebra do fio. A taxa de remoção de material (MRR) e o desgaste da ferramenta (TW) aumentam com o aumento do tempo de impulso. A taxa de desgaste do fio de latão aumenta com um aumento da energia de entrada, levando à rutura do fio.

Com um valor mais baixo do tempo de desativação dos impulsos (T_{off}), há mais descargas num determinado tempo, o que resulta num aumento da taxa de remoção de material. A MRR diminui quando o tempo de desativação é aumentado, uma vez que, com um tempo de desativação longo, o fluido dielétrico produz o efeito de arrefecimento nos eléctrodos do fio e no material de trabalho, diminuindo assim a velocidade de corte. A rugosidade da superfície melhora com o aumento do tempo de desativação do impulso. A rugosidade da superfície é elevada com um valor baixo do tempo de desativação; isto deve-se ao facto de, com um tempo de desativação demasiado curto, não haver tempo suficiente para eliminar as pequenas partículas fundidas do espaço entre o elétrodo de fio e a peça de trabalho. Observa-se que a rugosidade da superfície começa por diminuir com o aumento do tempo de desativação por impulsos e depois aumenta com o aumento do tempo de desativação por impulsos. Isto deve-se ao facto de ser necessária mais energia para estabelecer o canal de plasma e, por conseguinte, há um maior desgaste do elétrodo e uma maior rugosidade da superfície.

Um aumento no valor da corrente de pico (IP) aumentará a energia da descarga de impulsos que, por sua vez, pode melhorar ainda mais a taxa de corte. Com um aumento do valor da corrente de pico, a MRR, Ra e TW aumentam. A corrente de pico é considerada o principal fator que afecta a rugosidade da superfície.

A taxa de remoção de material permanece praticamente constante com a variação do avanço do fio. A rugosidade da superfície diminui com o aumento da velocidade de alimentação do fio porque o novo fio entra em contacto rapidamente quando a velocidade de alimentação do fio aumenta. A baixa velocidade do fio tende a quebrar o fio. Mas com o aumento do avanço do fio, o consumo do fio aumenta, e o custo de maquinação também aumenta.

1.7 Aplicações da EDM

- Fabrico de moldes e matrizes, maquinagem de materiais difíceis de maquinar.
- Peças miniatura e frágeis que não podem suportar a força do corte convencional.
- Como o EDM é um processo muito lento, só se justifica quando a dureza é demasiado elevada ou as caraterísticas não podem ser realizadas por outros meios.
- Fabrico de ferramentas: cantos afiados, pequenos traços, traços profundos, etc.
- Perfuração profunda de pequenos furos. Por exemplo: lâminas de turbina, bicos de injeção de combustível, cabeça de impressora a jato de tinta, etc.
- Para a retificação de discos diamantados de liga metálica rotativa, utilizados para a retificação de precisão de cerâmica.
- Maquinação de materiais cerâmicos avançados.
- Maquinação de carboneto de boro e de carboneto de silício.
- Maquinação de material naturalmente não condutor por dopagem com material condutor.
- Maquinação de materiais compósitos modernos, MMC e polímeros de fibra de carbono.
- Operação de gravação em materiais mais duros.
- Perfuração de furos curvos.
- Utilizado para produzir roscas internas.

1.8 Métodos de seleção e otimização de parâmetros i. Método de Taguchi

O método está relacionado com a procura dos melhores valores dos factores controláveis para tornar o problema menos sensível às variações. Este tipo de problema é designado por conceção robusta de parâmetros de Taguchi. O método Taguchi baseia-se em níveis mistos, em concepções factoriais altamente fraccionadas e noutras concepções ortogonais. Distingue entre variáveis de controlo, que são os factores que podem ser controlados, e variáveis de ruído, que são os factores que não podem ser controlados, exceto durante as experiências no laboratório. São escolhidos dois desenhos ortogonais diferentes para os dois conjuntos de parâmetros. São eles a matriz interna, o desenho escolhido para as variáveis controláveis, e a matriz externa, o desenho escolhido para as variáveis de ruído. O objetivo desta conceção é encontrar os parâmetros controláveis do processo para os quais o ruído ou a variação têm um efeito mínimo nas caraterísticas funcionais dos produtos ou do processo. Note-se que o objetivo não é encontrar as definições dos parâmetros para as variáveis de ruído incontroláveis, mas sim as variáveis de conceção controláveis. Para atingir esse objetivo, os parâmetros de controlo, também conhecidos como variáveis da matriz interna, são sistematicamente variados pela matriz ortogonal interna. Para cada experiência da matriz interna, é realizada uma série de novas experiências, variando as definições de nível das variáveis de ruído incontroláveis. As combinações de níveis das variáveis são efectuadas utilizando a matriz ortogonal exterior. A influência nas caraterísticas de desempenho pode ser determinada utilizando o rácio S/N, em que S é o desvio padrão dos parâmetros de desempenho para cada experiência da matriz interna e N é o número total de experiências na matriz ortogonal externa. O rácio indica a variação funcional devida ao ruído. Utilizando este resultado, é possível prever quais as definições dos parâmetros de controlo que tornarão o processo insensível ao ruído. O método de Taguchi centra-se na conceção robusta através da utilização de matrizes ortogonais. Neste trabalho, a análise da relação S/N é utilizada para identificar os níveis óptimos dos parâmetros influentes.

ii. Processo de hierarquia analítica

O Analytic Hierarchy Process (AHP) é um método para organizar e analisar decisões complexas. É um método adequado para a tomada de decisões em problemas multidimensionais e complexos. É uma das técnicas analíticas mais populares para resolver problemas complexos de tomada de decisão. Tem a capacidade de lidar com situações de decisão que envolvem juízos subjectivos e de fornecer medidas de consistência de preferências. Contém três partes: o objetivo final ou problema a resolver, todas as soluções possíveis, chamadas alternativas, e os critérios para as alternativas. O AHP fornece um quadro racional para uma decisão necessária através da quantificação dos seus critérios e opções alternativas, e para relacionar esses elementos com o objetivo global. Neste trabalho, o método AHP é utilizado para a seleção do melhor material com boas propriedades.

iii. Análise relacional cinzenta

A análise relacional cinzenta (GRA) é amplamente utilizada para medir o grau de relação entre sequências através do grau relacional cinzento. Foi aplicada para otimizar os parâmetros de controlo com respostas múltiplas através do grau relacional cinzento. A análise relacional cinzenta é amplamente utilizada para combinar todas as caraterísticas de desempenho consideradas num único valor que pode ser utilizado como caraterística única em problemas de otimização. Neste trabalho, é utilizada em combinação com a análise da relação S/N de Taguchi para a seleção dos parâmetros óptimos.

iv. Lógica difusa

A lógica difusa representa um método para resolver problemas relacionados com a incerteza e a imprecisão; é utilizada em várias áreas, como a engenharia, e tem aplicações em problemas de tomada de decisões, planeamento e produção. Como definição para o processo de tomada de decisão baseado em processos cognitivos com um papel principal na seleção de um curso de ação entre várias alternativas. O processo de tomada de decisão pode ser representado como um resultado de uma escolha final e o resultado (COM) pode ser representado como uma ação ou como uma opinião sobre a escolha. Podem ser detectados diferentes tipos de incerteza numa grande variedade de problemas de otimização e de tomada de decisões relacionados com a seleção de parâmetros de processo, o planeamento e o funcionamento de sistemas e subsistemas de energia. A mistura do fator de incerteza na construção de diferentes modelos serve para aumentar a sua adequação e, consequentemente, a fiabilidade e a eficiência factual das decisões baseadas na sua análise. A lógica difusa é utilizada neste trabalho para a seleção dos parâmetros óptimos do processo.

1.9. Plano do presente trabalho

O plano do presente trabalho é representado por um fluxograma.

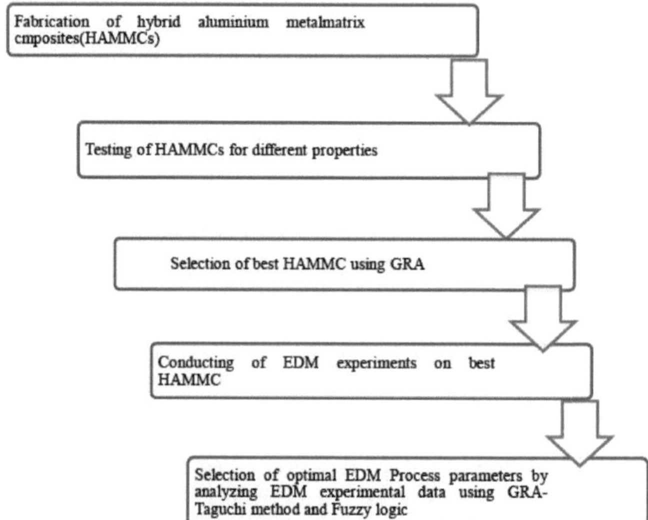

Fabrico de uma matriz metálica híbrida de alumínio

cmpósitos(HAMMCs)

Ensaio de HAMMCs para diferentes propriedades

Seleção da melhor HAMMC utilizando a GRA

Realização de experiências EDM na melhor HAMMC

Seleção dos parâmetros ideais do processo EDM através da análise dos dados experimentais EDM

utilizando o método GRA-Taguchi e a lógica Fuzzy

Fig 1.2 Fluxograma do presente trabalho

CAPÍTULO 2

REVISÃO DA LITERATURA

2.1 Introdução

Este capítulo apresenta as contribuições de diferentes investigadores sobre o fabrico e as propriedades de um AMMC, EDM de materiais e otimização dos parâmetros do processo. Após a revisão da literatura, são apresentadas as lacunas da investigação e os objectivos do presente trabalho.

2.2 Revisão da literatura sobre o fabrico e as propriedades das MMCs

ChawlaNikhilesh; e ShenYu-Lin[16] concluíram que os compósitos de matriz metálica têm propriedades melhoradas, como maior resistência, rigidez e redução de peso, em comparação com os materiais monolíticos convencionais. Os compósitos de matriz metálica reforçados com partículas são atractivos devido à sua relação custo-eficácia, às suas propriedades isotrópicas e à sua capacidade de serem processados com tecnologia semelhante à utilizada para materiais monolíticos.

O Dr. Syed Ahamed et al.[24] discutiram os materiais compósitos individuais e híbridos com liga de alumínio e diferentes materiais de reforço. O principal objetivo dos AMC é reduzir o peso e aumentar a resistência do material. A adição de reforços ao alumínio 6061 melhora a resistência à tração e à compressão, a dureza, a taxa de desgaste e as propriedades de fadiga. Muitos investigadores realizaram diferentes experiências com a adição de diferentes materiais de reforço para descobrir as diferentes propriedades.

Albert. T et al., [102] analisaram a microestrutura e as propriedades mecânicas do compósito de matriz de alumínio fabricado. As propriedades do alumínio puro formado por metalurgia do pó foram comparadas com as propriedades do carboneto de boro de alumínio formado por metalurgia do pó. Com base nos resultados obtidos pela imagem ótica da microestrutura, revela-se a dispersão homogénea das partículas de carboneto de boro na matriz. A dispersão do reforço foi também identificada por difração de raios X (XRD). A resistência e a dureza aumentaram com o aumento da percentagem em peso do reforço.

Agrawal J P et al., [37] centraram-se no processo de fabrico e estabeleceram que um rácio fibra/matriz mais elevado proporciona melhores propriedades mecânicas. Além disso, a disposição geométrica das fibras no interior da matriz é igualmente importante para conferir rigidez e resistência em todas as direcções.

Anil Kumar Bodukuri et al., [14] investigaram três combinações diferentes de composições em fração volumétrica, nomeadamente 90%Al 8%SiC 2% B4C, 90%Al 5%SiC 5% B4C, 90%Al 3%SiC 7% B4C. Com o aumento da percentagem de B4C, a microdureza do compósito de matriz metálica aumentou significativamente e estuda a forma como o carboneto de boro influencia a dureza dos compósitos de matriz metálica.

Bharat Kumar et al., [13] investigaram o potencial da utilização de compósitos de matriz metálica (MMC) de Al. Inicialmente, são identificadas as propriedades necessárias e, em seguida, o trabalho explora o alumínio puro e a sua importância na indústria, bem como as suas limitações. Com base nas limitações, os MMC foram recomendados como um possível substituto do alumínio e verifica-se que o conjunto exato de propriedades depende de determinados factores. Por conseguinte, estes factores, tais como a reatividade na interface, a fração volumétrica do material de reforço, o tipo de material de reforço e a distribuição do material de reforço, são revistos com base na literatura existente.

Chandrashekar A et al., [1] prepararam peças fundidas de AMMCs com reforços de nano Al2O3, exibiram maior dureza e resistência à tração de 96 HV e 264 MPa em comparação com 76 HV e 210 MPa do metal de base, respetivamente, o que se deveu aos reforços. Os testes de corrosão por imersão estática de AMMCs em solução aquosa de NaCl a 3,5 wt. % mostraram que os AMMCs têm melhor resistência à corrosão do que a matriz de Al puro e o AMMNC com 6 wt. % de Nano Al2O3 exibiu uma resistência à corrosão significativamente maior em comparação com as outras combinações de AMMNCs.

Chunfeng DENG et al.[18] investigaram os resultados que mostram que os CNT estão dispersos de forma homogénea no compósito e que as interfaces da matriz A1 e dos CNT se ligam bem. Embora a resistência à tração e o módulo de Young do compósito tenham aumentado acentuadamente, o alongamento não diminui quando comparado com o material da matriz fabricado pelo mesmo processo. As razões para os aumentos podem ser as extraordinárias propriedades mecânicas dos CNTs e o papel de ponte e de tração dos CNTs no compósito de matriz de Al.

Esawi.A et al., [4] concluíram que a técnica é eficaz na dispersão dos nanotubos na matriz macia de Al, o que simultaneamente protege os nanotubos de danos sob o impacto de compósitos de matriz metálica reforçados com CNT em geral.

A norma ASTM G 31-72[9] refere-se à prática normalizada para ensaios laboratoriais de corrosão por imersão de metais. Esta prática sublinha a importância do registo de todos os dados pertinentes e fornece uma lista de verificação para a comunicação de dados de ensaio e outros procedimentos ASTM para ensaios de corrosão em laboratório.

George. R et al., [88] estudaram os mecanismos de reforço relevantes envolvidos nos compósitos CNT/Al, de modo a produzir compósitos optimizados. Três mecanismos principais são analisados juntamente com o procedimento experimental para a produção de compósitos CNT/Al.

Jebeen Moses. J et al., [39] observaram que os aglomerados de partículas de SiC eram vistos em alguns sítios e que as partículas de SiC estavam devidamente ligadas à matriz de alumínio. O reforço de partículas de SiC melhorou a microdureza e a resistência à tração final dos AMCs.

Laxmi et al., [70] estudaram as propriedades mecânicas de compósitos de matriz metálica de alumínio e carboneto de silício (MMCs), fabricados a partir de uma liga de alumínio de grau 6061 com a adição de 10%, 15% e 20% de composição em peso de carboneto de silício (SiC) pela técnica de fundição por agitação. As alterações das propriedades físicas e mecânicas foram tidas em consideração. As experiências foram efectuadas nas amostras compósitas e, em seguida, as propriedades mecânicas e a microestrutura foram estudadas para verificar a dispersão do reforço na matriz.

Manohar Reddy Mattli et al., [66] revelaram os resultados sobre a distribuição uniforme dos reforços de SiC e TiO2 na matriz de alumínio. Um aumento da dureza e da resistência à compressão dos nanocompósitos híbridos Al/SiC/TiO2 foi observado com o aumento das nanopartículas de TiO2. Os nanocompósitos híbridos Al/SiC/TiO2 que tinham uma quantidade óptima de nanopartículas de TiO2 (9 wt.%) apresentaram as melhores propriedades mecânicas. Os nanocompósitos híbridos Al/SiC/TiO2 apresentaram o modo de fratura por cisalhamento durante o seu processo de deformação.

Michael B. Heaney et al.[68] afirmaram que era necessário medir com exatidão a resistividade de um determinado material. A resistividade eléctrica de diferentes materiais à temperatura ambiente pode variar em mais de 20 ordens de grandeza. Nenhuma técnica ou instrumento isolado pode medir resistividades numa gama tão ampla. Este documento descreve uma série de diferentes técnicas experimentais e instrumentos para medir resistividades. O artigo dá ênfase à forma de efetuar medições práticas e de evitar erros experimentais comuns.

Michael Oluwatosin et al., [69] observaram que as diferentes combinações de materiais de reforço utilizados no processamento de compósitos híbridos de matriz de alumínio e o seu efeito no desempenho mecânico, de corrosão e de desgaste dos materiais. Foram apresentadas as principais técnicas de fabrico destes materiais e foram sugeridas áreas de investigação para melhorar ainda mais os compósitos híbridos de alumínio.

Mohammed Imran et al., [71] investigaram o fabrico de materiais compósitos de matriz metálica de alumínio através da combinação de ligas e reforços como SiC, Al2O3, Gr, TiO2, cinzas de bagaço, etc. Estes reforços particulados são adicionados no método de fundição por agitação. Os resultados revelaram que, há uma melhoria significativa nas propriedades mecânicas. Resistência superior ao desgaste e à corrosão, baixo coeficiente de expansão térmica em comparação com as ligas de base convencionais.

Mohit Kumar Sahu et al., [61] exploraram rigorosamente o efeito dos parâmetros de agitação no processo de fundição por agitação e também fornecem uma melhor visão para a seleção dos parâmetros de agitação para a produção industrial de AMCs e HAMCs com propriedades mecânicas superiores.

Ociel Rodriguez Perez et al., [75] observaram que a resistência à corrosão da liga de alumínio A356 não reforçada era superior à dos compósitos, no entanto, quando a liga de alumínio A356 foi reforçada com partículas de SiC, os compósitos eram susceptíveis a um tipo de corrosão localizada na interface matriz/partículas de SiC. Isto fez com que, embora a zona passiva para os compósitos fosse mais larga, com um valor potencial de corrosão por pite ligeiramente superior ao da liga de base.

Omkar Bamane et al., [76] observaram que a dureza do material aumenta em 6%, 12% e 25% para 0,25wt%, 0,5wt%, 0,75wt% respetivamente, a dureza aumenta com o aumento da percentagem de MWCNT. A resistência à tração final do material e a resistência ao impacto também aumentam com o aumento da percentagem de MWCNT e a percentagem de alongamento diminui.

Palkar Aman Manohar et al., [78] realizaram um ensaio com uma solução de NaCl a 3,5% em peso, utilizando a célula de corrosão plana padrão de três eléctrodos. Os ensaios indicaram que as amostras recozidas (4, 8 e 12 horas) têm uma taxa de corrosão superior à do metal de base (BM) e que a taxa diminui monotonicamente com o aumento do tempo de duração devido à possível passivação da liga de alumínio. O metal de base apresentou melhores resistências à corrosão em comparação com o recozido, mesmo após 28 dias de imersão. As curvas de polarização anódica mostraram potenciais de elétrodo mais baixos para os espécimes com mais tempo de recozimento em solução de NaCl a 3,5%.

Park B.G. et al., [10] realizaram um exame sistemático do efeito da fração volumétrica de partículas nas propriedades mecânicas de um MMC Al2O3-Al. O material foi preparado utilizando a metalurgia do pó, reforçando a liga de matriz AA 6061 com MICRAL- 20TM, uma microesfera policristalina constituída por uma mistura de alumina e mulite. A fração de volume do reforço foi variada sistematicamente de 5 a 30% em intervalos de 5%. Os compósitos de metalurgia do pó foram extrudidos e depois tratados termicamente até à condição T6.

Prem Shankar Sahu et al., [80] fizeram uma revisão da literatura sobre as técnicas básicas existentes utilizadas para fabricar os MMCs à base de alumínio e sugeriram um método menos dispendioso para as aplicações científicas e técnicas.

Pushpendra Kumar Jain et al., [83] apresentaram que os compósitos de matriz metálica de alumínio são amplamente utilizados em aplicações automóveis e aeroespaciais devido à sua baixa densidade e excelente relação resistência/peso. Os compósitos de matriz metálica Al-SiC satisfazem a maioria dos requisitos da indústria automóvel, eléctrica e aeroespacial. Neste trabalho, o compósito de matriz metálica Al-SiC é fabricado utilizando a técnica de fundição por agitação com uma quantidade de carboneto de silício que varia entre 8% e 15% em peso.

Raghu Y V et al.[84] fabricaram compósitos de liga de alumínio A356 e carboneto de silício através do processo de metalurgia do pó. O teor de carboneto de silício na liga foi misturado a 0,3,5,7 e 10 % em peso durante o processo. A análise da microestrutura revelou uma distribuição idêntica do carboneto de silício em toda a matriz. A dureza e a resistência à compressão do compósito mostraram um aumento em comparação com a liga sem adições de carboneto de silício.

Rajeshwari L et al., [85] tinham sintetizado nano partículas de prata por processo de redução química e adicionado nano partículas de prata em 3, 5 e 7% no compósito. A morfologia externa das partículas foi estudada por SEM e foram estudadas as propriedades eléctricas, a dureza, as propriedades térmicas e as propriedades de erosão. A dureza, a condutividade eléctrica e a condutividade térmica aumentam com o aumento da percentagem de nanopartículas de prata, enquanto a taxa de erosão diminui.

Ramesh B T et al., [23] notaram que a fundição por agitação é um dos novos métodos para produzir compósitos de matriz metálica com uma distribuição mais uniforme dos constituintes da matriz e do reforço. Esta abordagem envolve a mistura mecânica das partículas de reforço num banho de metal fundido. Um cadinho é aquecido para fundir metal de alumínio, com um motor e lâminas colocadas no cadinho que ajudam a obter metal fundido uniforme. O reforço é vertido no cadinho acima da superfície de fusão e a um ritmo controlado, para garantir uma alimentação suave e contínua. À medida que as lâminas rodam a velocidades moderadas, geram uma mistura uniforme das partículas de reforço na massa fundida para produzir compósitos homogéneos.

Saravanakumr.K et al., [92] prepararam um compósito de alumínio-grafite através da técnica de fundição por agitação, adicionando 2%, 4% e 6% de reforços. São identificadas as combinações de diferentes parâmetros que são utilizados no fabrico do compósito de Al-grafite.

Shivraj Koti et al., [18] estudaram as propriedades mecânicas como a dureza, a resistência à tração e o limite de elasticidade. A dureza, a resistência à tração e o limite de elasticidade aumentaram com o aumento da percentagem em peso de B4C na matriz de base.

Smrutiranjan Pradhan et al., [95] investigaram o comportamento ao desgaste em ambientes corrosivos de compósitos de matriz metálica à base de LM6 reforçados com 5 wt% de SiC, preparados através do método de fundição por agitação. A perda de peso máxima ocorre em ambiente ácido, uma vez que é mais corrosivo do que em ambiente seco e desionizado. A superfície de desgaste do compósito é examinada através do microscópio eletrónico de varrimento (SEM) e da análise de raios X por dispersão de energia (EDX).

Sónia Simões et al., [96] investigaram a influência da técnica de dispersão de nanotubos de carbono (CNT) na produção de nanocompósitos de matriz de alumínio. A caraterização microestrutural foi feita por microscópios electrónicos de varrimento e de transmissão que revelaram que a melhor dispersão dos CNT é obtida utilizando a via R3. Os nanocompósitos com 0,75 wt.% de CNT apresentam uma boa dispersão e a maior dureza e resistência à tração. Observa-se que o aumento de 200% na resistência à tração atesta o efeito de reforço dos CNT e a eficiência do novo tratamento de dispersão (via R3).

Sourabh Kumar Soni et al., [98] apresentaram uma revisão sobre a preparação de vários compósitos de matriz de polímero/metal reforçados com CNT e uma extensa coleção da literatura publicada. Com base nesta revisão exaustiva, são feitas algumas observações específicas que facilitariam as próximas investigações para explorar as oportunidades de investigação na preparação de CNT e compósitos reforçados com CNT e as suas potenciais aplicações para as estruturas/componentes de elevado desempenho.

Sukumar M. S et al., [63] estudaram o comportamento mecânico de compósitos de matriz metálica de alumínio reforçados com óxido de alumínio. Eles fabricaram os compósitos pelo processo de fundição por agitação, variando os volumes percentuais de reforço entre 0 e 10, com tamanho de partículas de 30 цт. Os espécimes fabricados são testados quanto às propriedades mecânicas e físicas, tais como resistência à tração, dureza e densidade, e estes valores são comparados com os valores teóricos obtidos através da regra das misturas.

Suthar Jigar et al., [44] afirmaram que os principais problemas incluem a molhabilidade, a distribuição das partículas, a porosidade e a reação química. Estes problemas têm efeitos explícitos nas propriedades mecânicas, de desgaste e de resistência à corrosão dos materiais compósitos. Por conseguinte, é essencial lidar com estes problemas para melhorar a qualidade dos AMMCs. Este artigo centra-se em questões relacionadas com o fabrico de AMMCs, a resistência à corrosão, a resistência ao desgaste, a otimização dos parâmetros de maquinagem e a análise de aparas de AMMCs. Fornece uma orientação aos investigadores sobre o cenário atual do fabrico de AMMCs utilizando o processo de fundição por agitação.

Suryanarayanan K et al., [99] recomendaram os MMCs como possíveis substitutos do alumínio e isso depende de certos factores como a reatividade na interface, a fração volumétrica do material de reforço, o tipo de material de reforço e a distribuição do material de reforço, com base na literatura existente. Este documento defende a utilização de MMC Al-SiC nas peles da fuselagem de aeronaves de alto desempenho. No entanto, deve notar-se que as recomendações se baseiam puramente nos dados disponíveis e na interpretação que o autor faz dos mesmos, embora tenham sido feitos todos os esforços para serem tão lógicos quanto possível.

Thirugnanasambantham K.G et al.[47] analisaram o efeito da concentração de CNT no comportamento da curva tensão-deformação, no módulo de elasticidade, na dureza, no coeficiente de expansão térmica (CTE), na fluência e nas caraterísticas de amortecimento dos compósitos Al-CNT. O reforço com CNT leva a um aumento da qualidade sem um aumento significativo do peso.

Venumurali Jagannati et al., [110] estudaram as caraterísticas da superfície do compósito antes e depois do Shotpeening (SP) através de XRD e depois os compósitos foram testados quanto às propriedades de desgaste e corrosão. Os resultados revelaram que o SP com uma duração de 140 segundos favorece a indução de uma camada endurecida, um maior refinamento do grão e uma densidade de deslocação que promove a ocorrência de uma elevada dureza superficial, melhorando assim significativamente as suas propriedades de desgaste.

Virat Khanna et al.[113] centraram-se no reforço de grafeno/CNTs em alumínio (Al), para melhorar as propriedades mecânicas. O artigo avalia a influência do reforço com grafeno/CNTs na matriz de Al com base em parâmetros-chave, por exemplo, limite de elasticidade, microdureza, ductilidade e resistência à tração. Para além disso, foram revistos diferentes métodos de processamento (primário e secundário) de Al-grafeno/CNTs.

Zakaria H.M. et al., [33] efectuaram testes de corrosão por imersão estática de MMCs de Al/SiC em solução aquosa de NaCl a 3,5 wt.% a várias temperaturas, tendo demonstrado que, à temperatura ambiente, os MMCs de Al/SiC têm melhor resistência à corrosão do que a matriz de Al puro. A redução do tamanho das partículas de SiC e/ou o aumento da fração volumétrica das partículas de SiC reduzem a taxa de corrosão dos MMCs de Al/SiC.

Zhang H.B. et al., [32] investigaram em compósitos CNTs/7075 Al que o diâmetro médio de MgZn2 em compósitos após tratamento de envelhecimento foi reduzido para 25 nm, e a distância espacial entre MgZn2 foi significativamente reduzida. Como resultado, os compósitos CNTs/7075 Al apresentaram uma resistência à tração de 558,3 MPa e um alongamento de 7,7%. Estes fenómenos experimentais fornecem uma nova compreensão dos efeitos dos CNTs no comportamento de endurecimento por precipitação das ligas de Al.

2.3 Revisão da literatura sobre EDM de materiais

Ali Abdolahi et al., [3] previram os parâmetros óptimos relativos à situação de maquinagem desejada, através de um conjunto de equações matemáticas na maquinagem. Os parâmetros medidos dos valores óptimos são analisados para fornecer as configurações optimizadas matematicamente. O modelo é testado e validado numa situação prática de maquinagem numa vasta gama de configurações de maquinagem que é aplicada na maquinagem do aço de liga dura "X 155 CrVMo 121".

Amresh Kumar et al.[5] identificaram os parâmetros óptimos de maquinagem durante a maquinagem por descarga eléctrica com fio de amostras de compósitos híbridos. Nesta investigação, foram considerados cinco parâmetros de processo diferentes e três parâmetros de resposta, tais como a taxa de remoção de material, a rugosidade da superfície e a abertura de faísca, para a otimização do processo. A espetroscopia de dispersão de energia e a análise por microscopia eletrónica de varrimento indicaram a manifestação da camada refundida. O processo de hierarquia analítica e o algoritmo genético foram implementados com sucesso para identificar as melhores condições de maquinagem para compósitos híbridos.

Andrea Gommeringer et al.[6] fabricaram peças em bruto de cerâmica por prensagem a quente e testaram-nas em relação às propriedades mecânicas e eléctricas. Foram analisadas as caraterísticas de maquinação por EDM de fio e de afundamento. Foram investigadas as adaptações necessárias dos parâmetros de processamento EDM aos requisitos deste sistema específico de materiais. A variação da fase condutora na gama observada causou apenas ligeiras variações nas propriedades mecânicas. No entanto, verificou-se um forte impacto da composição nas caraterísticas de EDM, uma vez que as contribuições dos diferentes mecanismos de remoção de material são alteradas. As partículas de menor dimensão e os teores mais elevados de fase condutora de eletricidade conduziram, em geral, a uma maior condutividade eléctrica, melhorando assim a taxa de maquinagem com uma qualidade de superfície semelhante.

Bergs. T et al.,[102] analisaram os parâmetros para identificar condições de processo instáveis durante a electroerosão a fio. Para o efeito, são investigadas as diferenças entre os parâmetros caraterísticos de um processo EDM de fio estável e instável. Além disso, são analisadas as distribuições dos diferentes tipos de cargas. Os resultados das investigações devem fornecer uma base para a deteção precoce de possíveis rupturas do fio e, assim, uma adaptação do algoritmo de controlo. Assim, é possível obter um processo de fabrico estável e automatizado e aumentar a produtividade, especialmente quando se maquinam peças relevantes de maquinaria turbo, como ranhuras em discos.

Conde. A et al.,[2] realizaram estudos em diferentes condições de corte WEDM, incluindo o efeito da baixa pressão dieléctrica, o raio da peça e a espessura da peça. Foi também efectuada uma análise dos padrões de descarga, de modo a que a falta de precisão nas peças cortadas por WEDM possa ser correlacionada com a qualidade das descargas. Os resultados mostram que a deformação do fio aumenta até 45% quando se corta uma interpolação circular de raio 0,8 mm, em comparação com um corte reto numa peça de espessura semelhante. Este facto tem implicações diretas no erro causado pelo efeito tractrix quando se cortam pequenos percursos circulares.

Durairaj. M et al.[58] estudaram a electroerosão de aço inoxidável 304 com fio de latão de 0,25 mm de diâmetro utilizado como ferramenta, utilizando a matriz ortogonal OA16. Os parâmetros de entrada selecionados para otimização são a tensão de abertura, a alimentação do fio, o tempo de impulso e o tempo de desativação. A pressão do fluido dielétrico, a velocidade do fio, a tensão do fio, a resistência e o comprimento de corte são considerados parâmetros fixos. Para cada experiência, a rugosidade da superfície e a largura do corte foram determinadas utilizando um codificador de superfície de contacto e um sistema de medição por vídeo, respetivamente. Utilizando a técnica de otimização multiobjectivo da teoria relacional cinzenta, obtém-se o valor ótimo para a rugosidade da superfície e para a largura do corte e, utilizando a técnica de otimização Taguchi, obtém-se o valor ótimo separadamente.

Huang Guangwe et al.[30] propuseram um método de estimativa em linha da altura da peça de trabalho com base numa máquina de vectores de apoio (SVM), um método eficaz de aprendizagem automática. As entradas do modelo SVM são a frequência de descarga efectiva, o intervalo de impulsos, a taxa de avanço programada e a taxa de avanço real e a saída é a altura estimada. O algoritmo está integrado num sistema de controlo numérico computorizado (CNC) recentemente desenvolvido para a WEDM de movimento alternativo, com um circuito de amostragem que recolhe os sinais de corrente e tensão da abertura de descarga e uma unidade de controlo adaptativo que ajusta os parâmetros de maquinagem de acordo com a estimativa da altura da peça. Os dados para treinar o SVM foram produzidos através do corte de peças em forma de escada para construir o modelo SVM. Em seguida, a verificação foi efectuada através do corte de peças com secções transversais de altura variável. Os resultados demonstraram a eficácia do método proposto. O erro de estimativa foi inferior a 2 mm e o tempo de maquinagem foi reduzido em mais de 30%.

Kamlesh Joshi et al.[49] estudaram a caraterização dos danos térmicos devidos à faísca durante a electroerosão a fio em bolachas ultrafinas. As experiências foram realizadas com recurso a um modelo composto central (CCD) baseado em RSM. Os danos foram caracterizados principalmente por SEM, TEM e espetroscopia Raman. A espessura média do dano térmico nas bolachas foi observada como sendo ~ 16 цт. O dano foi altamente influenciado pelo tempo de exposição da superfície da bolacha com faísca de plasma EDM. Além disso, com um aumento no diâmetro da faísca de plasma, a rugosidade da superfície foi encontrada para aumentar. As micrografias TEM confirmaram a formação de Si amorfo juntamente com uma região de Si de grão fino aprisionada dentro da matriz amorfa. No entanto, não havia sinais de outros defeitos como microfissuras, limites geminados ou fracturas nas superfícies. A espetroscopia micro-Raman revelou que, para cortar uma bolacha com um mínimo de tensões residuais e uma presença muito reduzida de fases amorfas, esta deve ser cortada com o valor mais baixo de tempo de impulso e com o valor mais elevado de tensão aberta.

Kliuev. M et al.[60] investigaram analiticamente a influência da queda de pressão e do fluxo dielétrico durante a perfuração EDM através de simulações de dinâmica de fluidos computacional (CFD). O diâmetro do elétrodo, a folga, a configuração do canal de descarga, o comprimento do elétrodo e a profundidade da perfuração são analisados para estimar e descrever a influência no fluxo. A alteração do fluxo com o desgaste do elétrodo tem de ser tida em conta. Também a configuração da secção transversal do canal tem uma grande influência no fluxo. As turbulências, a distribuição da pressão e da velocidade são analisadas através da simulação numérica. A eficiência da lavagem tem um efeito significativo na espessura da camada refundida (RLT), que pode influenciar a qualidade da peça. Com o encurtamento do elétrodo durante o processo, a RLT é reduzida em mais de 15% com o fluxo dielétrico mais rápido, o que tem de ser considerado para alcançar condições de processo constantes.

F.Klocke et at.,[25] estudaram uma referência de várias tecnologias de processo de EDM por fio para o fabrico de ligas de titânio. Finalmente, os ensaios de fadiga são utilizados para validar as propriedades mecânicas devido à evolução do corte de acabamento dos processos EDM de fio mais avançados.

Singh T et al.,[100] investigaram para estudar o efeito dos parâmetros do processo: tempo de ativação do impulso, tempo de desativação do impulso, tensão do servo, corrente de pico na medida do desempenho do processo, ou seja

taxa de remoção de material (MRR) durante a WEDM da liga Al6063. É evidente que os parâmetros de entrada do processo têm uma influência significativa nas caraterísticas de desempenho do processo.

Tahir, W et al.,[104] determinaram a relação entre a velocidade de corte e os parâmetros de entrada do processo, incluindo: tensão de abertura, tempo de pulso ligado, tempo de pulso desligado, tensão do fio, pressão de lavagem da água desionizada e fios de latão. O modelo empírico para a velocidade de corte (CS) é desenvolvido com base nos parâmetros de entrada do processo selecionados e a sua contribuição é também analisada através da técnica ANOVA. Verificou-se que o tempo de pulso, o tempo de desligamento do pulso e o elétrodo do fio são os principais parâmetros de entrada do processo que ajudam a aumentar a velocidade de corte da EDM de fio. Nos eléctrodos de fio, observa-se que o fio de latão tratado a frio é a melhor alternativa para melhorar o desempenho da maquinagem com um aumento da condutividade eléctrica de 24,5 %.

Tomohiro Koyano et al., [105] utilizaram um pirómetro de duas cores com uma fibra ótica para medir a temperatura do fio durante a electroerosão a fio em névoa. A temperatura do elétrodo do fio podia ser medida pelo pirómetro de duas cores se a temperatura fosse superior a 100°C. A EDM de fio foi realizada utilizando um bocal de névoa, e foi tentada a medição da temperatura do elétrodo de fio. Os resultados experimentais mostraram que a saída do pirómetro de duas cores não foi observada, o que indicou que a temperatura do elétrodo de arame era inferior a 100°C nas condições experimentais utilizadas neste estudo.

Xiang Chen et al.[114] apresentaram o método de maquinação de uma estrutura de indexação complexa por maquinação por descarga eléctrica com fio micro-recíproco (micro reciprocated wire-EDM). Um mecanismo de indexação de alta precisão é desenvolvido e fixado na plataforma de processamento X/Y para permitir a rotação de indexação da peça de trabalho cilíndrica. As pré-experiências são realizadas para analisar os efeitos da tensão aberta, da capacitância de descarga, da duração do impulso e da taxa de avanço na taxa de remoção de material (MRR) e na largura de corte, e são determinados os melhores parâmetros de maquinagem. Posteriormente, é estudado o intervalo de descarga sob diferentes espessuras de peças.

Walder. G et al.[29] concluíram que a electroerosão por fio é um processo moroso que requer vários consumíveis como fio, filtros ou resina de desionização. Um modelo desenvolvido com base no histórico de maquinação e nas entradas de sensores, por exemplo, software inteligente, permite prever o estado e a capacidade futura dos consumíveis e o desgaste das peças, evitando assim tempos de paragem da máquina. A utilização de um modelo de previsão para estimar a vida útil dos consumíveis e das peças de desgaste será um passo significativo na automatização das máquinas (EDM de fio).

2.4 Revisão da literatura sobre a otimização dos parâmetros do processo

Amresh Kumar et al., [05] estudaram a identificação dos parâmetros de maquinagem óptimos durante a maquinagem por descarga eléctrica com fio de amostras preparadas com grafite, óxido ferroso e carboneto de silício. Neste trabalho, são considerados cinco parâmetros de processo diferentes e três parâmetros de resposta, como a taxa de remoção de material, a rugosidade da superfície e a distância entre faíscas, para a otimização do processo. A espetroscopia de dispersão de energia e a análise por microscopia eletrónica de varrimento indicaram a manifestação da camada refundida. Os processos de hierarquia analítica e os algoritmos genéticos foram implementados com sucesso para identificar as melhores condições de maquinagem para compósitos híbridos.

Anand S. et al., [93] estudaram a influência do tempo de ativação e de desativação do impulso, da corrente de pico e da velocidade do fio na MRR, no desvio dimensional, na corrente de fenda e no tempo de maquinagem, durante a maquinagem intrincada do aço ferramenta D3. O método de Taguchi é utilizado para a otimização de uma única caraterística e para otimizar os quatro parâmetros do processo em simultâneo, é utilizada a análise relacional de Grey (GRA) juntamente com o método de Taguchi. A análise de variância (ANOVA) mostra que a corrente de pico é o parâmetro mais significativo que afecta as caraterísticas multiobjectivo. Os resultados confirmatórios provam o potencial da GRA para otimizar com êxito os parâmetros do processo para caraterísticas multiobjectivo.

Arkadeb Mukhopadhyay et al., [74] estudaram a utilização de uma rede neural artificial (RNA) combinada com um algoritmo genético (AG) para a correlação e otimização dos parâmetros do processo WEDM. Os parâmetros considerados são a corrente de descarga, a tensão, o tempo de impulso e o tempo de desativação, enquanto a resposta é a dimensão fractal. A micrografia eletrónica de varrimento da superfície maquinada revela que o método combinado ANN-GA pode melhorar significativamente a textura da superfície produzida por WEDM, reduzindo a formação de glóbulos re-solidificados.

Ashish Srivastava e Amit Dixit [7] estudaram o compósito de Al2024 reforçado com SiC para investigar os efeitos da maquinagem por descarga eléctrica (EDM) para três níveis de cada parâmetro, como a corrente, o tempo de impulso e a percentagem de reforço, no acabamento da superfície e na MRR. A técnica de metodologia de superfície de resposta (RSM) foi aplicada para otimizar os parâmetros de maquinação para obter uma rugosidade superficial mínima e um MRR máximo.

Ashok Kumar U et al., [106] investigaram o efeito dos parâmetros de maquinagem na taxa de remoção de material, na largura e no ângulo de conicidade do Kerf na maquinagem por descarga eléctrica com fio (WEDM) do material Nimonic Alloy 75. Os estudos experimentais foram realizados em parâmetros variando a corrente de pico (IP), o tempo de pulso ligado (Ton), o tempo de pulso desligado (Toff) e a taxa de alimentação do fio (WF). As definições dos parâmetros de maquinagem foram determinadas utilizando a abordagem de design experimental de matriz ortogonal Taguchi L9. A influência dos parâmetros de maquinagem no MRR, no ângulo de corte e no ângulo de conicidade do corte é determinada através da análise de variância (ANOVA). A combinação óptima dos parâmetros de maquinagem foi obtida utilizando a análise da relação sinal/ruído (S/N).

Chakladar N.D e Chakraborty S [15] estudaram o desenvolvimento de um sistema pericial baseado no método TOPSIS-AHP que pode automatizar o processo de tomada de decisões com a ajuda de uma interface gráfica de utilizador e de ajudas visuais. O sistema pericial não só separa os processos NTM aceitáveis da lista de processos disponíveis, como também os classifica por ordem decrescente de preferência. Além disso, ajuda o utilizador, enquanto guia responsável, a selecionar o melhor processo de maquinagem não tradicional, incorporando todos os mecanismos possíveis de deteção de erros.

Dabadea U.A e Karidkarb S.S [20] analisaram as condições de maquinação para a Taxa de Remoção de Material (MRR), Rugosidade da Superfície (SR), largura de corte (kerf) e desvio dimensional durante a WEDM do Inconel 718 utilizando a Matriz Ortogonal Taguchi L8. A análise é efectuada utilizando o software Minitab 16 e observou-se que o tempo de impulso é o fator mais influente para todas as variáveis de resposta, tais como MRR, SR, Kerf e desvio dimensional a um nível de confiança de 95%, com contribuições de 54,32%, 58,42%, 83,21% e 36,11%, respetivamente.

Dilip Kumar Bagal et al., [12] estudaram a influência dos condicionalismos do processo WEDM na taxa de desgaste da ferramenta, na largura do corte e na rugosidade da superfície do aço inoxidável de grau SS 304. Foram realizados quinze ensaios experimentais com base no método Box-Behnken da metodologia da superfície de resposta e o método TOPSIS foi utilizado para encontrar uma definição óptima dos parâmetros. A partir dos resultados da ANOVA, o tempo de impulso foi considerado o fator mais significativo para a taxa de desgaste da ferramenta, a largura do corte e a rugosidade da superfície. O Algoritmo Genético e o Recozimento Simulado também foram utilizados para a determinação da configuração óptima dos parâmetros, juntamente com a previsão dos valores de aptidão.

Di Shichun et al., [21] analisaram as variações de corte na micro-WEDM, o modelo matemático da vibração lateral do fio no processo de maquinagem é estabelecido e a sua solução analítica é obtida neste artigo. O modelo é verificado na prática numa máquina micro-WEDM desenvolvida pelo próprio autor.

Harinath Gowd.G et al., [35] utilizaram a Metodologia de Superfície de Resposta (RSM) para desenvolver as relações quantitativas entre as respostas de entrada e de saída para os dados experimentais recolhidos. Também foram estudados os efeitos dos parâmetros do processo sobre o MRR e o Ra. Mais tarde, é formulado como um problema de otimização multi-objetivo e resolvido para conjuntos óptimos de pareto utilizando o algoritmo genético.

H.R.Gurupavan e T.M.Devegowda et al., [34] realizaram experiências com material compósito de nitreto de silício e alumínio utilizando EDM de fio (WEDM) variando os parâmetros de maquinagem. Posteriormente, foi efectuada uma análise para estudar a variação dos parâmetros de desempenho, nomeadamente a rugosidade da superfície, a precisão, a taxa volumétrica de remoção de material e o desgaste do elétrodo em várias condições de maquinagem. A rugosidade da superfície, a precisão, a MRR volumétrica e o desgaste do elétrodo foram previstos utilizando métodos de diagnóstico sofisticados como a Rede Neural Artificial (RNA).

Harmesh Kumar et al., [53] estudaram os aspectos de maquinagem de compósito de matriz metálica de alumínio reforçado com carboneto de silício particulado (Al/SiCp-MMC) utilizando o processo de maquinagem por descarga eléctrica com corte de fio. Foram investigadas as influências dos parâmetros do processo, tais como o tempo de impulso, o tempo de paragem do impulso, a tensão do fio, a corrente de pico, a tensão do fio e a taxa de alimentação do fio nas variáveis de resposta, tais como a velocidade de corte da peça, a rugosidade da superfície (Ra) e o intervalo de faísca. O desenho de Box-Behnken foi utilizado para planear as experiências e a metodologia de superfície de resposta foi utilizada para desenvolver modelos de regressão quadrática para as respostas selecionadas. A abordagem da função de desejabilidade foi utilizada para resolver o problema de otimização de respostas múltiplas, atribuindo pesos às respostas selecionadas de acordo com os requisitos de qualidade ou produtividade do utilizador. O estudo recomenda condições de processo óptimas, que foram validadas através da realização de experiências de confirmação. Os modelos de regressão desenvolvidos para as respostas selecionadas revelaram resultados compatíveis, justificando assim a sua aceitabilidade.

Himadri Majumder e Kalipada Maity [65] previram e compararam alguns aspectos significativos da maquinabilidade WEDM, como a rugosidade da superfície [rugosidade média aritmética (Ra), rugosidade quadrada média (Rq) e altura máxima do pico ao vale (Rz)] e a microdureza (MH) da liga com memória de forma nitinol, utilizando o modelo de rede neural de regressão geral (GRNN). Cinco parâmetros críticos de maquinagem, nomeadamente o tempo de ativação do pulso (TON), a corrente de descarga (I), o avanço do fio (WF), a tensão do fio (WT) e a pressão de lavagem (FP), foram tomados como parâmetros de maquinagem para as experiências. O método de pesquisa em grelha foi utilizado para minimizar o erro de validação cruzada. GRNN como uma estratégia competente para prever as respostas da WEDM. Uma abordagem de tomada de decisão multicritério (MCDM), a lógica difusa associada à otimização multi-objetivo com base na análise de rácios (MOORA), é introduzida para otimizar diferentes respostas correlacionadas. Foi efectuado um teste de confirmação para validar a combinação óptima de processos que demonstra a melhoria das respostas WEDM. As micrografias SEM identificam uma massa de detritos, microfissuras, marcas de pancada e camadas refundidas nas superfícies maquinadas.

Ishwer Shivakoti et al., [22] utilizaram um método fuzzy TOPSIS para selecionar os parâmetros ideais do processo de micro-marcação por feixe laser, tais como a corrente, a frequência de impulsos e a velocidade de varrimento, durante a marcação por feixe laser em nitreto de gálio. A metodologia de superfície de resposta (desenho composto central) é adoptada para o desenho experimental. A largura da marca, a profundidade da marca e a intensidade da marca são consideradas como as respostas do processo. A largura e a profundidade da marca são medidas com a ajuda de um microscópio ótico de precisão. As imagens microscópicas são depois tratadas utilizando um software de processamento de imagem para calcular a intensidade da marca. É desenvolvido um modelo de tomada de decisão multicritério que considera o efeito dos parâmetros do processo na resposta do processo para a seleção dos parâmetros ideais do processo de micro-marcação por feixe laser. O número fuzzy triangular é utilizado para calcular o peso de cada critério de desempenho e a abordagem híbrida fuzzy TOPSIS é utilizada para selecionar as combinações paramétricas óptimas. Os resultados indicam que uma pequena frequência de impulsos e uma corrente e velocidade de varrimento elevadas conduzem a um aumento da intensidade da marca.

Jaksan.D.Patel et al., [43] estudaram a seleção do valor ótimo dos parâmetros de saída do processo de maquinagem por descargas eléctricas com fio utilizando os métodos AHP e MOORA. A experimentação foi efectuada utilizando a matriz ortogonal de Taguchi.

Jong Hyuk Jung e Won Tae Kwon [45] estudaram as condições óptimas de maquinação para que o microfuro possa ser formado com um diâmetro mínimo e uma relação de aspeto máxima. O método Taguchi foi utilizado para determinar as relações entre os parâmetros de maquinagem e as caraterísticas do processo. Verificou-se que o desgaste do elétrodo e as folgas de entrada e saída tinham um efeito significativo no diâmetro do microfuro quando o diâmetro do elétrodo era idêntico. A análise das relações cinzentas foi utilizada para determinar os parâmetros de maquinagem óptimos.

Kamal Jangraa et al., [54] estudaram a influência do ângulo de conicidade, da corrente de pico, do tempo de impulso, do tempo de desativação, da tensão do fio e da taxa de fluxo dielétrico na taxa de remoção de material (MRR) e na rugosidade da superfície (SR) durante a maquinagem intrincada de um bloco de metal duro. Para otimizar a MRR e a SR simultaneamente, é utilizada a análise relacional cinzenta (GRA) juntamente com o método Taguchi. A análise de variância (ANOVA) mostrou que o ângulo de conicidade e o tempo de impulso são os parâmetros mais significativos que afectam as caraterísticas múltiplas de maquinação. Os resultados confirmatórios provam o potencial da GRA para otimizar com sucesso os parâmetros do processo para caraterísticas de maquinagem múltipla.

Ko-Ta Chiang e Fu-Ping Chan [17] estudaram a otimização da maquinação por descarga eléctrica com fio (WEDM) de Al6061/Al2O3 utilizando a análise relacional cinzenta. A informação de maquinação do material reforçado com partículas de corte difícil é inadequada e complicada. A tabela de resposta e o gráfico de resposta para cada nível dos parâmetros de maquinagem e os níveis óptimos dos parâmetros de maquinagem são obtidos a partir do grau de relação cinzenta. Neste estudo, os parâmetros de maquinação, nomeadamente o raio de corte da peça de trabalho, o tempo de pulso de descarga, o tempo de pulso de descarga, o tempo de arco de descarga, o tempo de arco de descarga, a servo-tensão, a alimentação do fio e o fluxo de água, são optimizados tendo em conta múltiplas caraterísticas de desempenho, tais como a taxa de remoção de superfície e a rugosidade máxima da superfície. É claramente demonstrado que as caraterísticas de desempenho do processo WEDM são muito melhoradas.

Li Guiqin et al., [55] investigaram a obtenção de parâmetros mais precisos para uma velocidade de corte mais rápida e uma rugosidade superficial baixa na maquinagem por descarga eléctrica com fio (WEDM). Os autores estabeleceram um modelo de WEDM, que tem uma maior precisão de previsão e capacidade de generalização. O modelo combinou a função de modelação da inferência difusa com a capacidade de aprendizagem de uma rede neural artificial; e foi gerado um conjunto de regras diretamente a partir dos dados experimentais. Integrados no procedimento de otimização genética, os sistemas de inferência difusa são utilizados para otimizar o modelo de descarga eléctrica do fio da WEDM e os resultados óptimos do modelo provaram a viabilidade e a praticabilidade do sistema na WEDM.

Lin C. L. et al., [56] analisaram a utilização da análise relacional cinzenta baseada numa matriz ortogonal e do método de Taguchi baseado em fuzzy para otimizar as respostas múltiplas no processo de maquinagem por descarga eléctrica (EDM). Os resultados mostraram que ambas as abordagens podem otimizar eficazmente os parâmetros de maquinagem tendo em conta as respostas múltiplas.

Lin J.L. e Lin C.L. [57] estudaram a otimização dos parâmetros de maquinagem, nomeadamente a polaridade da peça, o tempo de impulso, o fator de serviço, a tensão de descarga aberta, a corrente de descarga e o fluido dielétrico, no que diz respeito a múltiplas caraterísticas de desempenho, incluindo a taxa de remoção de material, a rugosidade da superfície e a taxa de desgaste do elétrodo. Os resultados experimentais mostraram que o desempenho da maquinagem no processo EDM pode ser melhorado eficazmente através desta matriz ortogonal com a análise relacional cinzenta.

Maheswara Rao Ch et al., [64] Identificaram a combinação óptima dos parâmetros do processo WEDM durante a maquinagem de um aço de carbono médio EN8. As experiências foram conduzidas de acordo com a matriz ortogonal L18 de Taguchi. Os desempenhos múltiplos da velocidade de corte, da taxa de remoção de material e da rugosidade da superfície são optimizados através da utilização de uma técnica MCDM denominada TOPSIS, sendo obtida a combinação óptima dos parâmetros do processo. Finalmente, é utilizada a ANOVA e os resultados mostram que a pressão de lavagem é o parâmetro de processo mais significativo que afecta as respostas múltiplas.

Md Ehsan Asgar e Ajay Kumar Singh Singholi [67] analisaram as tendências da investigação no domínio da maquinagem por descarga eléctrica com fio. Existem muitos parâmetros de processo, tais como o tempo de ativação do impulso (TON), o tempo de desativação do impulso (TOFF), a tensão do servo, a corrente de pico (IP), a tensão do fio, a velocidade do fio para a melhoria de diferentes parâmetros de desempenho, tais como a taxa de remoção de material (MRR), a rugosidade da superfície (SR), os factores de integridade da superfície, a largura do corte e a taxa de desgaste da ferramenta (TWR). As diferentes técnicas de otimização incluem a técnica Taguchi, GRA (Grey Relational Analysis), RSM (Response Surface Methodology) e análise por ANOVA (Analysis of Variance), em diferentes materiais como ligas, superligas e MMC (Metal Matrix Composites).

Mouralova K et al. [72] estudaram a avaliação da largura da fenda de corte em quatro materiais metálicos diferentes (alguns dos quais foram posteriormente tratados termicamente através de vários métodos) com diferentes definições de parâmetros de máquina em EDM. O corte é investigado em secções transversais metalográficas utilizando microscopia de luz e eletrónica.

Mouralovaa K et al., [46] estudaram os parâmetros chave de preparação da máquina para o fabrico de componentes de alta precisão com a qualidade de superfície requerida. Para tal, foi efectuada uma análise da morfologia da camada superficial utilizando SEM, incluindo uma análise local da composição química (EDX). Além disso, a topografia da superfície do perfil e os parâmetros de área da qualidade da superfície foram avaliados utilizando o perfilómetro 3D, incluindo imagens 3D a cores filtradas e não filtradas das superfícies obtidas por microscopia ótica. As preparações metalográficas preparadas permitiram uma análise da área sub-superficial, incluindo uma microanálise química local da "camada refundida" utilizando EDX.

Muniappana A et al., [91] investigaram o efeito dos parâmetros de maquinação na largura de corte e rugosidade da superfície na maquinação por descarga eléctrica com fio (WEDM) do compósito híbrido Al 6061. O compósito híbrido de matriz metálica foi fabricado através de um processo de fundição por agitação, utilizando partículas de SiC e grafite na liga Al6061. As experiências foram conduzidas com uma matriz ortogonal L27, variando o tempo de ativação e de desativação dos impulsos, a corrente de pico, a tensão de abertura, a velocidade de alimentação e a tensão do fio. O efeito dos parâmetros de maquinagem na largura da fenda de corte e na rugosidade da superfície (SR) foi determinado utilizando a análise de variância (ANOVA). A análise de relações cinzentas baseada em Taguchi foi utilizada para encontrar a configuração óptima dos parâmetros do processo para obter as melhores caraterísticas de qualidade da maquinagem. Foi realizado um teste de confirmação nos níveis de parâmetros óptimos selecionados, o que mostra uma melhoria no grau de relação cinzenta, confirmando assim a força da análise de relação cinzenta.

Probir Saha et al., [90] utilizaram um modelo de regressão multivariável de segunda ordem e um modelo de rede neural de retropropagação (BPNN) para correlacionar os parâmetros de entrada do processo, tais como o tempo de impulso, o tempo de desativação do impulso, a corrente de pico e a capacitância com as medidas de desempenho, nomeadamente, a velocidade de corte e a rugosidade da superfície na maquinagem por electro-erosão com fio (WEDM) do material compósito carboneto de tungsténio-cobalto (WC-Co). As micrografias electrónicas de varrimento revelam que, a níveis de energia mais elevados, a superfície maquinada é caracterizada por várias microfissuras e grãos de WC solidificados e soltos.

Pujara J.M et al., [81] investigaram a otimização dos parâmetros do processo na Taxa de Remoção de Material (MRR) e no corte na Maquinação por Descarga Eléctrica com Fio (WEDM). As experiências foram efectuadas com variação do tempo de impulso ON/OFF, da corrente de pico e do avanço do fio, utilizando a matriz ortogonal L9 de Taguchi. A análise relacional cinzenta (GRA) é utilizada para encontrar a seleção óptima dos parâmetros do processo para melhorar o desempenho da maquinagem WEDM. O desvio do corte e da taxa de remoção de material com os parâmetros do processo é modelado matematicamente utilizando a Metodologia de Superfície de Resposta (RSM). A adequação dos modelos matemáticos desenvolvidos é verificada pela Análise de Variância (ANOVA). Com base na análise estatística, verificou-se que o tempo de pulso e a corrente de pico são parâmetros adequadamente influentes para a MRR, enquanto o tempo de pulso, a corrente de pico e o avanço do fio são adequadamente influentes para o corte. O resultado do teste de confirmação mostra a aplicação da técnica de otimização para prever combinações óptimas de variáveis de entrada para obter melhores respostas de saída.

Pujari Srinivasa Rao et al., [82] estudaram o efeito dos parâmetros da electroerosão a fio na liga de alumínio devido às suas aplicações crescentes em várias indústrias. Nesta investigação, a análise paramétrica dos parâmetros da electroerosão a fio foi efectuada pelo método de Taguchi sobre a rugosidade superficial (SR) e a taxa de remoção de material (MRR). As medidas de desempenho acima referidas são optimizadas simultaneamente por algoritmos genéticos híbridos com a utilização de modelos de regressão linear desenvolvidos. Os resultados obtidos mostram uma boa concordância com os valores experimentais. Finalmente, para uma combinação sugerida de parâmetros, foram também efectuadas medições da camada branca, uma vez que esta afecta negativamente muitas outras propriedades.

Rahim Jafari e Muge Kahya [42] estudaram a maquinação por descarga eléctrica de micro-fios (µ-WEDM) utilizada para fabricar dissipadores de calor de micro-canais à base de metal com diferentes texturas de superfície. Primeiro, foram realizadas experiências para atingir os valores desejados de rugosidade da superfície. O cobre isento de oxigénio é um material comum nos sistemas de arrefecimento de dispositivos electrónicos devido à sua elevada condutividade térmica e baixo custo. A técnica de Taguchi foi utilizada para encontrar o conjunto ótimo de parâmetros do processo. Foi também efectuada uma análise de variância para determinar a importância dos parâmetros do processo na textura da superfície. É utilizado um modelo de rede neural artificial para avaliar a variação da rugosidade da superfície com os parâmetros do processo.

Raju K e Balakrishnan M [50] identificaram os parâmetros óptimos e optaram por uma melhor taxa de remoção de material com bom acabamento superficial na EDM do compósito de matriz metálica de alumínio Al6061/10%B4C, fabricado por um método de fundição por agitação. O estudo foi realizado com base em parâmetros selecionados: tempo de impulso, corrente e tempo de desativação do impulso. A rugosidade da superfície e a taxa de remoção de material foram consideradas como respostas de saída para o estudo. O teste de difração de raios X confirma a presença de partículas de carboneto de boro no compósito de alumínio preparado. O estudo da microestrutura revela a mistura uniforme das partículas de carboneto de boro. A análise do

Microscópio Eletrónico de Varrimento confirma a mistura uniforme das partículas de carboneto de boro com o alumínio.

Rajyalakshmi G. e P. Venkata Ramaiah [86] estudam a otimização dos parâmetros do processo para caraterísticas de resposta múltipla da WEDM na superliga Inconel-825 utilizando a análise relacional Fuzzy-Grey. As caraterísticas de resposta, como o MRR, o acabamento da superfície e a abertura de faísca, são optimizadas durante a EDM de fio. Os parâmetros do processo, incluindo o tempo de ativação do impulso, o tempo de desativação do impulso, a tensão do servo do canto, a pressão de lavagem, a alimentação do fio, a tensão do fio, a alimentação do servo e a tensão do centelhador, são investigados utilizando a matriz ortogonal mista L36 de Taguchi. Com base nos resultados das experiências de verificação, conclui-se que a Análise Relacional Fuzzy-Grey de Taguchi pode ser utilizada eficazmente para encontrar a combinação óptima de parâmetros de entrada influentes da WEDM.

Rakesh Kumar et al., [73] analisaram os efeitos de vários parâmetros do processo WEDM, tais como o tempo de impulso, o tempo de desativação do impulso, a tensão do servo, a corrente de pico, a taxa de fluxo dielétrico, a velocidade do fio, a tensão do fio em diferentes parâmetros de resposta do processo, tais como a taxa de remoção de material (MRR), a rugosidade da superfície (Ra), a taxa de desgaste do fio (WWR) e o desenvolvimento relacionado com os materiais do elétrodo de fio.

Ram Prasad A. V. S et al., [79] investigaram os efeitos dos parâmetros do processo nas caraterísticas de desempenho da liga Ti-6Al-4V induzida por chumbo na sua electroerosão, realizando experiências com quatro parâmetros de processo, cada um com três níveis. A corrente de pico, o tempo de impulso, a voltagem do servo e o tempo de desativação do impulso foram selecionados como parâmetros do processo nas caraterísticas de desempenho, nomeadamente, a taxa de remoção de material (MRR), a rugosidade da superfície (SR) e o desvio dimensional (DD). O processo de hierarquia analítica (AHP) e a técnica de ordem de preferência por semelhança com a solução ideal (TOPSIS) foram utilizados para investigar as caraterísticas de resposta múltipla. Os pesos para as caraterísticas de desempenho são determinados pelo AHP. Por fim, o método de análise da variância foi empregue eficazmente para evidenciar a influência dos parâmetros do processo.

Rozenek M et al.,[62] investigaram o efeito dos parâmetros de maquinação (corrente de descarga, tempo de impulso, tempo de impulso, tensão) na velocidade de maquinação e rugosidade da superfície durante a maquinação por descarga eléctrica com fio (WEDM) de compósitos de matriz metálica AlSi7Mg/SiC e AlSi7Mg/Al2O3. De um modo geral, as caraterísticas de maquinagem da WEDM de compósitos de matriz metálica são semelhantes às que ocorrem no material de base (liga de alumínio AlSi7Mg). A velocidade de maquinação dos compósitos WEDM depende significativamente do tipo de reforço. A velocidade máxima de corte dos compósitos AlSi7Mg/SiC e AlSi7Si7Mg/Al2O3 é aproximadamente 3 vezes e 6,5 vezes inferior à velocidade de corte da liga de alumínio, respetivamente.

Saedona J.B. et al., [38] estudaram os efeitos dos parâmetros do processo em diferentes respostas, como a rugosidade da superfície (Ra), a taxa de corte e a taxa de remoção de material (MRR). Foram feitas tentativas para realizar experiências considerando os parâmetros do processo WEDM. Os gráficos da relação sinal/ruído (S/N) são analisados para estudar o efeito dos parâmetros do processo. A adequação da análise acima foi testada através da implementação da análise de variância (ANOVA). Em seguida, é efectuada a otimização multi-objetivo da análise da resposta. Uma vez que a metodologia de Taguchi não é capaz de realizar a otimização multiobjectivo das caraterísticas da resposta, é realizada uma abordagem combinada da relação S/N e da análise relacional cinzenta (GRA). Foi proposta uma combinação óptima de parâmetros de processo na maquinagem da liga de titânio, a fim de obter uma rugosidade superficial mínima (Ra), uma taxa de corte mais elevada (CR) e uma taxa de remoção de material mais elevada (MRR). Finalmente, são efectuados testes de confirmação para verificar os resultados.

Selvakumar G et al., [31] investigaram a seleção da melhor combinação de parâmetros de maquinação para a maquinação por descarga eléctrica com fio (WEDM) da liga de alumínio 5083. Com base no método de desenho experimental de Taguchi (matriz ortogonal L9), foi realizada uma série de experiências, considerando como parâmetros de entrada o tempo de ativação e de desativação do impulso, a corrente de pico e a tensão do fio. A rugosidade da superfície e a velocidade de corte foram consideradas respostas. Com base na relação sinal/ruído (S/N), foi determinada a influência dos parâmetros de entrada nas respostas. A definição dos parâmetros de maquinagem óptimos para a velocidade de corte máxima e a rugosidade superficial mínima foi encontrada utilizando a metodologia de Taguchi. Em seguida, foi utilizado um modelo aditivo para a previsão de todas as combinações de maquinagem possíveis. Finalmente, foi elaborada uma tabela tecnológica útil utilizando a abordagem de otimização de Pareto.

Soundararajan R et al., [97] estudaram a liga A413 fabricada por via de fundição por compressão em condições óptimas através da maquinagem por descarga eléctrica com fio. As experiências foram sistematicamente realizadas adaptando a abordagem de conceção rotativa composta central da metodologia de superfície de resposta para investigar o efeito dos parâmetros de maquinagem por descarga eléctrica com fio, tais como o tempo de impulso, o tempo de desativação do impulso e a corrente de pico na taxa de remoção de material e na rugosidade da superfície. Foi também efectuada uma análise de variância para verificar a importância dos modelos. Os modelos matemáticos foram desenvolvidos para prever os resultados que se encontram dentro dos limites de erro médio aceitável para a taxa de remoção de material e a rugosidade da superfície através de testes de aditividade. A abordagem da função de desejabilidade foi utilizada para encontrar as combinações paramétricas óptimas para a otimização multi-objetivo e a maquinagem bem sucedida das peças fundidas/compostos. A eficiência do método proposto foi verificada por experiências de confirmação.

Sunny Diyaley et al., [22] utilizaram o método TOPSIS para a seleção dos parâmetros do processo durante a maquinagem do aço para ferramentas EN31, considerando quatro parâmetros de entrada - Tempo de impulso (Ton), Tempo de desvanecimento (Toff), Tensão do servo (SV) e Tensão do fio (WT). A rugosidade da superfície e a taxa de remoção de material são as respostas de saída medidas. Os resultados mostram que um único parâmetro por si só não tem uma influência significativa nas respostas de saída. A qualidade das respostas de saída depende da combinação dos vários conjuntos de parâmetros de entrada. São realizadas experiências de confirmação para validar os resultados óptimos.

Thella Babu Rao e Gopala Krishna A [87] estudaram as caraterísticas de desempenho de maquinação de compósitos de matriz Al 7075 reforçados com SiCp (Al7075/SiCp) durante a WEDM. Durante a realização das experiências de maquinagem, a rugosidade da superfície, a taxa de remoção de metal e a taxa de desgaste do fio são consideradas como respostas para avaliar o desempenho da WEDM. A metodologia de superfície de resposta é utilizada para desenvolver os modelos empíricos para estas respostas WEDM. O tamanho e as percentagens volumétricas das partículas de SiC são considerados como variáveis do processo, juntamente com o tempo de ativação e desativação do impulso e a tensão do fio. A análise de variância (ANOVA) é utilizada para verificar a adequação dos modelos desenvolvidos. Uma vez que as respostas de maquinação são conflituosas por natureza, o problema é formulado como um problema de otimização multi-objetivo e é resolvido utilizando o Algoritmo Genético de Ordenação Não-Dominada-II para obter o conjunto de soluções óptimas de Pareto. As respostas óptimas do processo derivadas são confirmadas pelos testes de validação experimental.

Udaya Prakash J et al., [41] analisaram o efeito de parâmetros como a tensão de abertura, o tempo de impulso, o tempo de desativação do impulso, o avanço do fio e a percentagem de reforço nas respostas da taxa de remoção de material e da rugosidade da superfície durante a maquinagem de compósitos híbridos de liga de alumínio (A413) com carboneto de boro e moscas utilizando a maquinagem por descarga eléctrica com fio (WEDM). A experimentação foi efectuada na matriz ortogonal L27 de Taguchi com diferentes combinações de parâmetros. A análise de variância (ANOVA) foi utilizada para determinar os parâmetros de projeto que influenciam significativamente a resposta. A influência destes parâmetros nas respostas foi avaliada utilizando a análise da relação sinal/ruído (S/N). Finalmente, foram efectuadas experiências de confirmação para identificar a eficácia do método proposto.

Varun A e Nasina Venkaiah [109] aplicaram uma nova estratégia de otimização, associando a análise relacional cinzenta (GRA) ao algoritmo genético (GA), para otimizar simultaneamente os parâmetros de resposta. Foram efectuadas experiências com o material de trabalho EN 353 para estudar os efeitos de vários parâmetros do processo nos parâmetros de resposta, tais como a taxa de remoção de material (MRR), a rugosidade da superfície (SR) e a largura de corte (kerf). Foram considerados parâmetros de processo como o tempo de ativação e de desativação do impulso, a corrente de pico e a tensão do servo. A análise ANOVA foi realizada para encontrar a ordem dos parâmetros que afectam as respostas com a ajuda de gráficos de superfície 3D. É desenvolvido um modelo de regressão para cada resposta e este modelo é utilizado como função objetiva para o AG. Na proposta de GRA associada ao método GA, o GA é a técnica principal e a entropia do GRA é utilizada para gerar pesos de forma sistemática. A procura de soluções óptimas é feita num espaço global. Assim, a solução obtida não está apenas dentro das experiências realizadas, é uma solução óptima global na gama selecionada de parâmetros do processo. A superfície de Pareto e os gráficos de contorno também são traçados para ajudar a selecionar as respostas com base nas prioridades individuais.

Vijayabhaskar S et al., [89] analisaram as investigações em WEDM de compósitos de matriz metálica e a relação entre diferentes parâmetros do processo, como o tempo de impulso, o tempo de desativação do impulso, a taxa de alimentação do fio, a tensão do fio, a taxa de fluxo dielétrico nos desempenhos de maquinagem, como a taxa de remoção de material (MRR), a largura de Kerf e a rugosidade da superfície (SR). Foram também recomendadas as tendências futuras na investigação sobre WEDM.

Vijayabhaskar S e Rajmohan T [111] investigaram a otimização dos parâmetros de maquinagem, como a tensão, o tempo de desativação do impulso, o tempo de ativação do impulso, a taxa de alimentação do fio e a percentagem em peso de partículas de nano-SiC na WEDM de nanocompósitos de matriz metálica de magnésio. As experiências são efectuadas em magnésio reforçado com partículas de carboneto de nano-silício de 50-80 nm de diâmetro. Os parâmetros de maquinação, como a tensão, o tempo de desativação do impulso, o tempo de ativação do impulso, a taxa de alimentação do fio e a percentagem em peso de nano-SiC, são considerados para a investigação, utilizando um desenho optimizado de quatro factores D baseado na metodologia da superfície de resposta. Os desempenhos WEDM dos MMNCs são avaliados através de parâmetros como a taxa de remoção de metal (MRR) e a rugosidade da superfície (SR). Os modelos quadráticos de segunda ordem são desenvolvidos entre os parâmetros WEDM e as respostas por análise de regressão. A investigação indica que os valores previstos do modelo obtido estão de acordo com os valores experimentais. A morfologia da superfície e os efeitos do reforço de nanopartículas na superfície maquinada são observados através de micrografias SEM.

Vijayaraj R e Gowri S [112] desenvolveram uma estratégia de maquinação adequada para micro-WEDM de liga de alumínio usando fio de cobre revestido a zinco com 70 цт de diâmetro. A tensão, a capacitância, o avanço, a tensão do fio e a velocidade do fio foram tomados como parâmetros de entrada. O acabamento da superfície é considerado como a medida do desempenho do processo. O desenho das experiências foi feito utilizando as matrizes ortogonais de Taguchi L16 e a otimização foi realizada utilizando a técnica de relação S/N de Taguchi. Os resultados obtidos nas experiências foram analisados com o método ANOVA para determinar a importância de cada fator de entrada na qualidade da superfície. Além disso, o modelo ANN foi desenvolvido e treinado.

Depois de analisar a literatura acima referida relacionada com o "Desenvolvimento de AMMCs híbridos e seleção de parâmetros de processo óptimos na maquinagem por descargas eléctricas", foram identificadas as seguintes lacunas de investigação.

2.5 Lacunas na investigação

- Foram publicados poucos trabalhos sobre o desenvolvimento e as propriedades de AMMCs de reforço híbrido com base composta.

- Foram publicados poucos trabalhos sobre a análise das respostas de maquinagem em EDM de AMMC híbrido sob diferentes condições de influência para a seleção de parâmetros óptimos.

2.6 Objectivos do presente trabalho

Com base nas lacunas da investigação, são definidos os seguintes objectivos para o presente trabalho. Este trabalho tem como objetivo identificar os melhores parâmetros para obter uma maquinação de qualidade através da análise das respostas de maquinação em EDM do compósito $Al6101\text{-}Se/B4C/CNT$, que é um compósito de classe especial, possui boas propriedades mecânicas, tribológicas e condutividade eléctrica.

- Preparar amostras híbridas de AMMC reforçando $Se/B4C$ / CNT com Al 6101 e testar as amostras preparadas de AMMCs híbridas para diferentes propriedades.

- Para identificar o melhor compósito entre os compósitos desenvolvidos, que possui todas estas boas propriedades, analisando os dados das propriedades.

- Realizar experiências em AMMC híbrido por EDM sob diferentes condições de maquinagem para estudar as respostas de maquinagem.

- Analisar as respostas de maquinação para seleção dos parâmetros ideais do processo EDM e validação dos resultados ideais através de testes de confirmação.

desenvolvimento de ammc híbridos

3.1 Introdução

Este capítulo trata dos materiais, da preparação de AMMCs híbridos e do ensaio de compósitos para diferentes propriedades. Apresenta também a metodologia AHP-GRA para a seleção do melhor compósito para maquinagem.

3.2 Materiais utilizados para o fabrico de AMMCs híbridas

Neste trabalho, a liga de alumínio 6101 é utilizada como material de matriz (material de base) e os B4C/Se/CNT são utilizados como materiais de reforço. Os pormenores do material da matriz e dos materiais de reforço são apresentados a seguir.

3.2.1 Material da matriz

No presente trabalho, o Al6101 é considerado como material de matriz porque tem elevada resistência à corrosão, elevada condutividade eléctrica e elevada resistência. O alumínio 6101 também oferece capacidade de dobragem e conformabilidade. A composição química e as propriedades físicas do Al6101 são apresentadas nas Tabelas 3.1 e 3.2, respetivamente.

Tabela 3.1: Composição química do Al 6101

Elemento	Si	Mg	Al
Peso %	0.50	0.60	Bal

Tabela 3.2: Propriedades físicas do Al6101

Propriedades	Elástico Módulo (GPa)	Densidade (g/cc)	de Poisson Rácio	Ponto de fusão (°C)	Resistência à tração (MPa)
Valores	75	2.7	0.33	588	97

3.2.2 Materiais de reforço

Um dos constituintes do compósito é designado por fase de reforço, que é incorporado na matriz. Neste trabalho, são utilizados B4C/Se/CNT como reforços.

i. Carboneto de boro (B4C)

O carboneto de boro (Fig. 3.1) é utilizado como material de reforço, tem uma natureza abrasiva e destaca-se no desempenho balístico devido à sua elevada dureza e baixa densidade. As propriedades e a estrutura do carboneto de boro são apresentadas na Tabela 3.3 e na Fig 3.1, respetivamente.

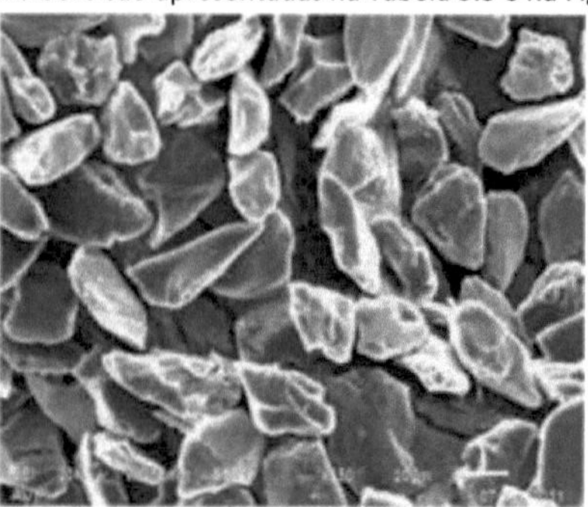

Fig.3.1 Estrutura do carboneto de boro

Tabela 3.3 Propriedades do carboneto de boro

Imóveis	Valor
Densidade	2,52 g/cc
Ponto de fusão	2445 °C
Dureza	40000 BHN
Módulo de Young	450 - 470 GPa
Condutividade eléctrica	140 S
Condutividade térmica	30 - 42 W/m.K
Coeficiente de expansão térmica	5×10^{-6} /°C

ii. Selénio (Se)

O selénio apresenta-se como um pó amorfo vermelho e está disponível com um tamanho médio de partícula de 75 a 100 nm. Com a adição de alumínio fundido, forma-se seleneto de alumínio (Eq.1) com uma forte ligação covalente. Deste modo, a força de ligação entre o material de base e o reforço é melhorada. As propriedades e a estrutura do selénio são apresentadas na Tabela 3.4 e na Fig. 3.2, respetivamente.

$$2\ Al + 3\ Se \rightarrow Al2Se3 \dots\dots\dots\dots\ Eq.1$$

Quadro 3.4 Propriedades do selénio

Imóveis	valor
Módulo de Young	10 GPa
Módulo de cisalhamento	3,7 GPa
Rácio de Poisson	0.33
Dureza Brinell	736 MPa
Ponto de fusão	494 K (221 °C, 430 °F)
Ponto de ebulição	958 K (685 °C, 1265 °F)
Ponto crítico	1766 K, 27,2 MPa
Densidade	4,81 g/cc

Fig.3.2 Estrutura do selénio

iii. Nanotubos de carbono (CNT)

Os nanotubos de carbono (Fig. 3.3) são moléculas cilíndricas que consistem em folhas enroladas de átomos de carbono de camada única (grafeno). Podem ser de parede simples (SWCNT), com um diâmetro inferior a 1 nanómetro (nm), ou de parede múltipla (MWCNT), constituídos por vários nanotubos interligados de forma concêntrica, com diâmetros que atingem mais de 100 nm. As propriedades e a estrutura dos CNT de paredes múltiplas são apresentadas na Tabela 3.5 e na Fig. 3.3, respetivamente.

Tabela 3.5 Propriedades dos nano tubos de carbono com paredes múltiplas

Imóveis	Valor

Resistividade	'"5 -5 0 micro-ohm-cm
Condutividade térmica	3000 Wm-lK-1(teórico)
Expansão térmica	Negligenciável
Densidade	1,33-1,40 g/cm^3
Resistência à tração	45X109 Pascal

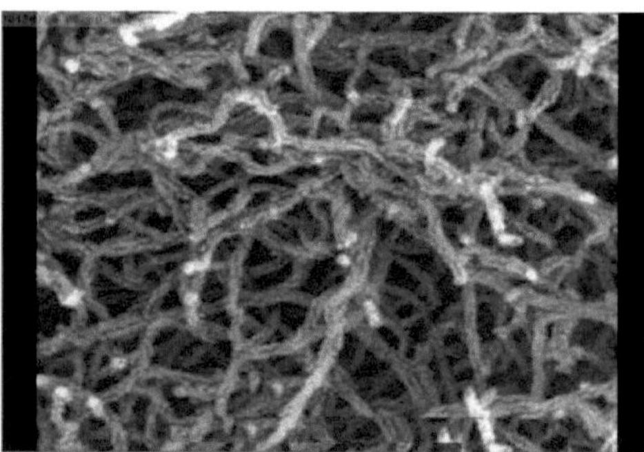

Fig.3.3 Estrutura dos nanotubos de carbono

3.3 Fabrico de AMMCs híbridas

Para preparar as amostras de AMMC, é utilizado o forno de fundição por agitação (Fig. 3.4), que consiste num forno com abertura superior, um agitador com um motor, um cadinho de grafite e um acoplamento térmico do tipo K.

Figura 3.4 Configuração experimental

No processo de fundição por agitação, o material do agitador, a velocidade do agitador e a conceção do agitador são parâmetros muito importantes. Para este trabalho, a velocidade de agitação foi mantida a 250 rpm, o que produz eficazmente vórtices sem quaisquer salpicos, e a velocidade de agitação é decidida pela fluidez do metal e é essencial para a formação de vórtices no metal fundido para uma dispersão uniforme das partículas. A dispersão uniforme das partículas é obtida com a formação de vórtices. A função de um agitador era agitar os líquidos para acelerar as reacções e para uma mistura homogénea de sólido-líquido. O agitador é feito de grafite, que está ligado a um motor elétrico com uma velocidade de 22-1000 rpm, como se mostra na Figura 3.4. Um cadinho de grafite (Fig. 3.5) é um recipiente refratário utilizado para fundir os metais na fundição. Estes cadinhos podem suportar temperaturas suficientemente elevadas para fundir ou alterar o seu conteúdo. São mais resistentes à temperatura do que as substâncias que se destinam a conter.

Fig. 3.5 Cadinho de grafite cheio de material

Fig. 3.6 Amostra fundida

A fusão foi realizada num forno de fundição por agitação a uma temperatura de 750°C. A fusão foi agitada mecanicamente utilizando um agitador de grafite, durante o qual as partículas de reforço pré-aquecidas (350 °C) de B4C/Se/CNT e 0,2% de magnésio como agente molhante (para reduzir a tensão superficial do alumínio e aumentar a propriedade molhante entre a matriz e o material de reforço) foram adicionadas gradualmente ao metal fundido. O processo de agitação é efectuado a uma temperatura de 750 °C com uma velocidade de agitação de 250 rpm durante 10 minutos. O metal fundido é transferido para uma matriz metálica pré-aquecida, a matriz é mantida inativa durante algum tempo para solidificar o compósito (Fig. 3.6). Um termopar do tipo K foi inserido no cadinho de grafite para medir a variação de temperatura do metal fundido.

Utilizando o procedimento acima descrito, são preparadas diferentes amostras compósitas (Tabela 3.6) com diferentes reforços B4C/Se/CNT com rácio de peso fixo de 0,7%, 0,7% e 0,15%, respetivamente. O diagrama de fluxo do método de fabrico é apresentado na Fig. 3.7

Tabela 3.6 Composição das amostras compostas

Amostras	composição
S1	Al6101-100%
S2	Al6101-98,6% + 0,7% B4C +0,7%Se
S3	Al6101-99,15% + 0,7% Se + 0,15% CNT
S4	Al6101-99,15% + 0,15% CNT +0,7% B4C
S5	Al6101-98,45% + 0,7% B4C + 0,7% Se +0,15% CNT

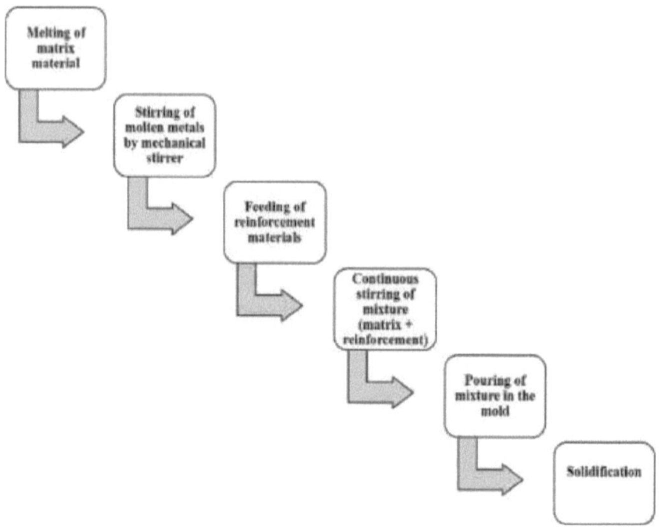

Fig. 3.7 Fluxograma do fabrico

3.4 Ensaio de compósitos

As amostras fabricadas são testadas quanto a diferentes propriedades, tais como resistência à tração, resistência à flexão, resistência ao impacto, dureza, corrosão, condutividade eléctrica e resistência ao desgaste. Os pormenores e os resultados dos ensaios são apresentados a seguir.

3.4.1 Resistência à tração

O ensaio de tração é realizado para estudar a resistência à tração dos compósitos de diferentes composições utilizando uma máquina de ensaio universal (Fig. 3.8) e as amostras após o ensaio são apresentadas na Fig. 3.9. Os valores do ensaio são apresentados na Tabela 3.7.

Tabela 3.7. Valores do ensaio de tração dos compósitos

Amostra não	Resistência à tração (Mpa)
1	97.4
2	103.7
3	127.82
4	140.6
5	154.62

Fig 3.8 Máquina de ensaio universal

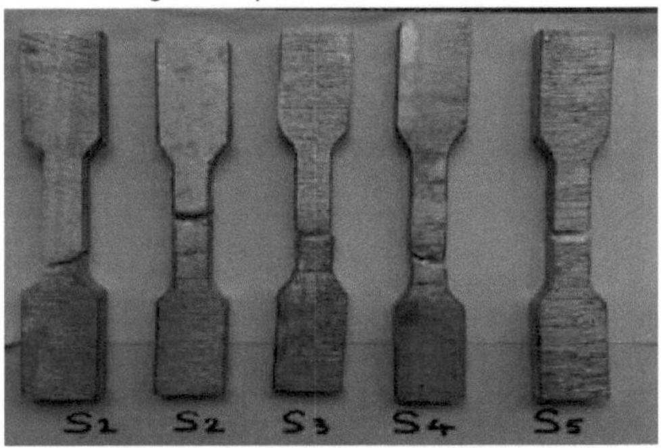

Fig 3.9 Amostras após o ensaio de tração

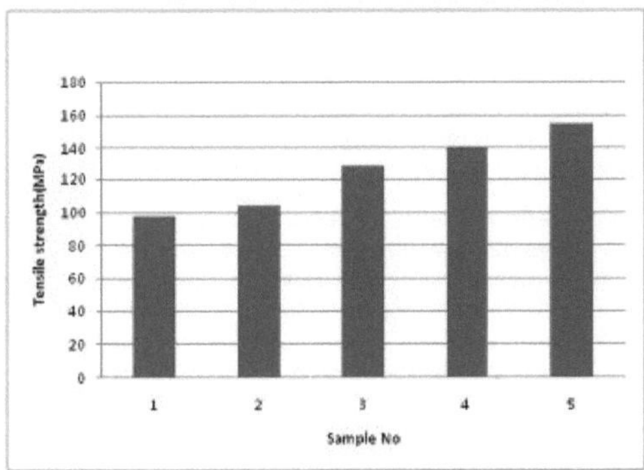

Fig. 3.10 Número de amostras Vs Resistência à tração

A Fig. 3.10 mostra o efeito de diferentes reforços na resistência à tração dos compósitos preparados. A resistência à tração mais elevada de 154,62 MPa é observada no compósito S5 com a adição de B4C/CNT juntamente com Se, enquanto é de 97,4 MPa para o Al6101 puro.

3.4.2. Resistência à flexão

O comportamento dos compósitos sujeitos a flexão simples é estudado através do ensaio de flexão. Os provetes de ensaio são preparados de acordo com as normas ASTM A: 370 e o ensaio foi realizado em amostras utilizando UTM (Fig. 3.8). Os espécimes após o ensaio são apresentados na Fig. 3.12. Verifica-se na Fig. 3.11 que a resistência à flexão da amostra 2 é superior à das outras amostras devido à presença de B4C com Se, mas a sua deflexão é inferior à das outras amostras. A amostra 3 tem uma deflexão máxima, seguida da amostra 4 e da amostra 5; isto deve-se à presença de alumínio na condição dispersa na matriz. Os valores de resistência à flexão dos compósitos são apresentados na Tabela 3.8.

Tabela.3.8. Propriedades de flexão dos compósitos

Número da amostra	Resistência à flexão (MPa)
1	215.21
2	321.42
3	283.32
4	287.52
5	314.36

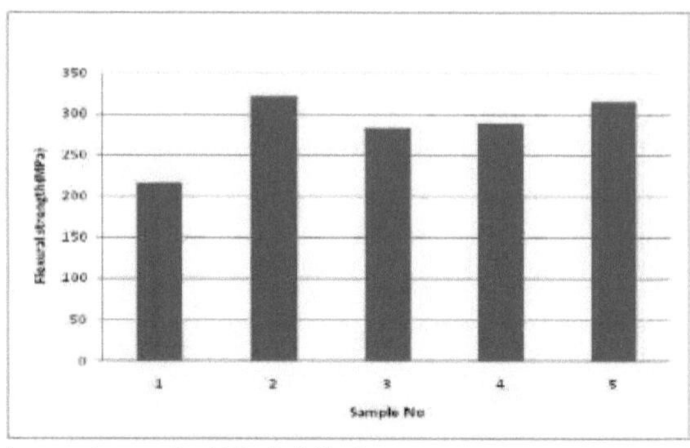

Fig.3.11. Número de amostras vs. Resistência à flexão

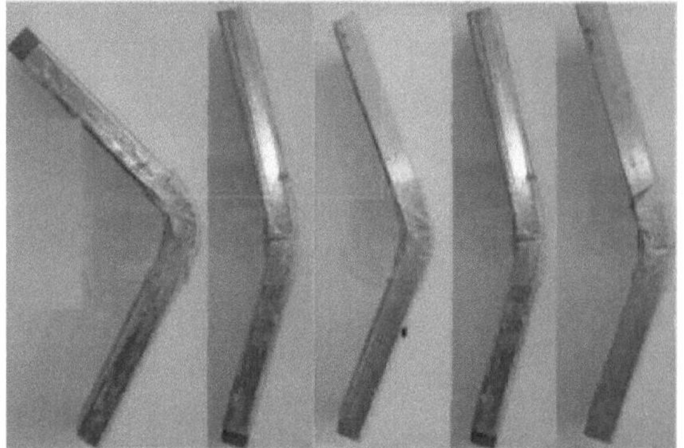

Fig 3.12.Amostras de ensaio após o ensaio de flexão

3.4.3 Resistência ao impacto

Para estudar a resistência ao impacto de todos os compósitos preparados, o ensaio Charpy (Fig. 3.15) é realizado nos espécimes e é apresentado na Tabela 3.9. Para o ensaio, são utilizados os espécimes com uma secção transversal quadrada de 10 mm x 10 mm e um comprimento de 55 mm (ASTM E23). Os espécimes testados são apresentados na Fig. 3.14. A resistência ao impacto de 37,20 J é obtida para a Amostra 2, que é a mais elevada em comparação com os restantes compósitos (Fig. 3.13), compreende-se que a inclusão de B4C aumenta a resistência do material de base, mas a inclusão de CNT contribui pouco para a resistência ao impacto

Tabela. 3.9 Valores do ensaio de impacto dos compósitos

Amostra não	Energia (Joules)
1	14.00
2	37.20
3	27.70
4	32.00
5	34.00

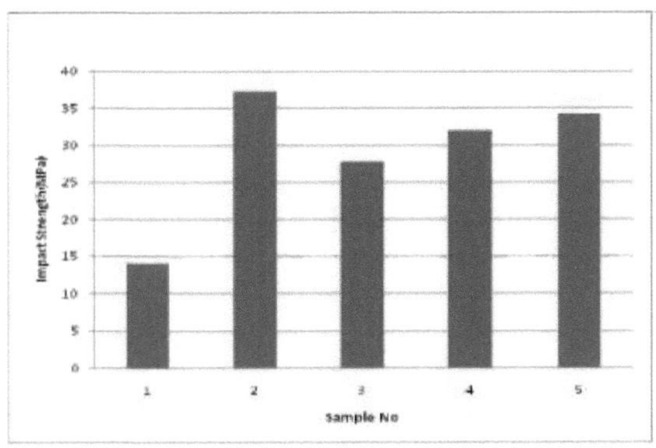

Fig 3.13. Número de amostras Vs Resistência ao impacto

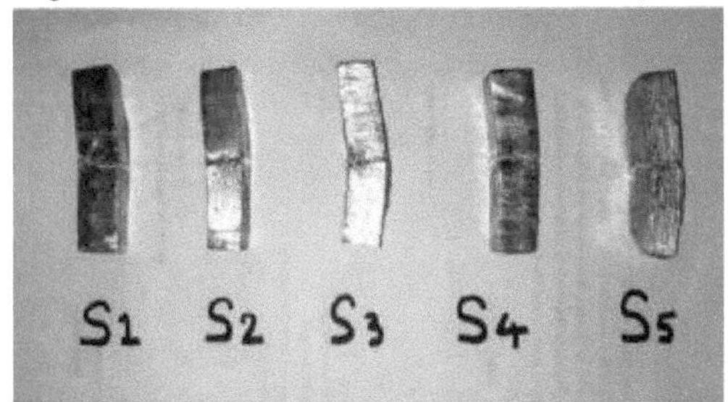

Fig 3.14.Amostras testadas após o ensaio de impacto

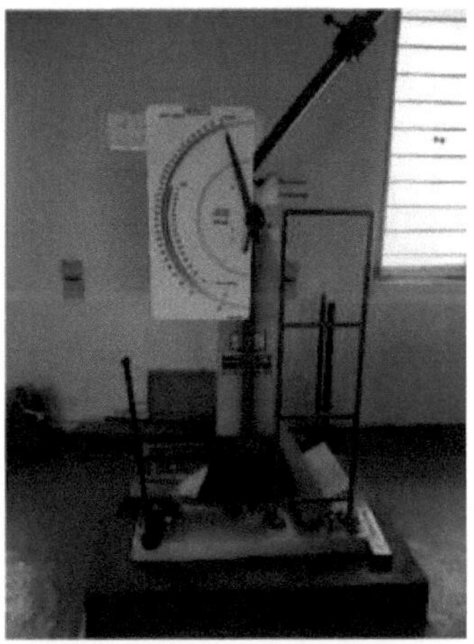

Fig 3.15. Máquina de ensaio de impacto

3.4.4 Dureza

Os espécimes foram testados quanto à dureza utilizando o teste de dureza Brinell (Fig. 3.17), sendo efectuada a média de três leituras para cada espécime. Os resultados do ensaio de dureza mostram que os nanocompósitos híbridos Al6101-Se/B4C/CNT apresentam resultados de dureza mais elevados do que a liga de alumínio. A presença dos reforços (Se/B4C/CNT) na matriz de alumínio oferece maior resistência à deformação plástica dos nanocompósitos híbridos. A Fig. 3.18 mostra os provetes após o ensaio. Os valores dos ensaios são apresentados na Tabela 3.10 e é traçado um gráfico (Fig. 3.16) entre as amostras e a dureza.

Tabela 3.10 Valores de dureza dos compósitos

Número da amostra	Leitura 1 (HBW)	Leitura 2 (HBW)	Leitura 3 (HBW)	Média (HBW)
1	71	70	74	71.67
2	77	79	77	77.67
3	77	79	81	79.00
4	76	77	78	77.00
5	79	83	85	82.33

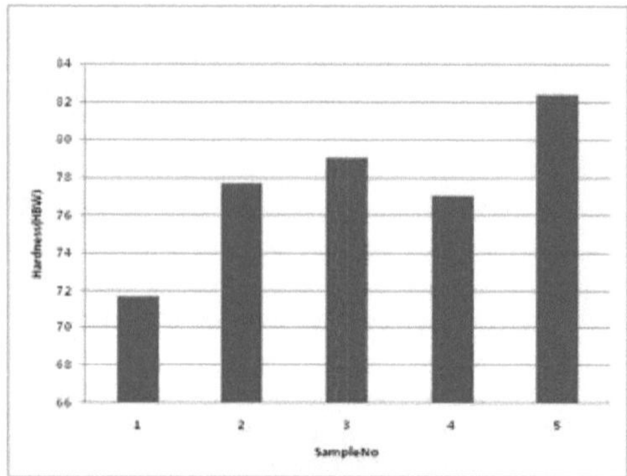

Fig.3.16. Número de amostras Vs Dureza

Fig.3.17. Máquina de ensaio de dureza Brinell

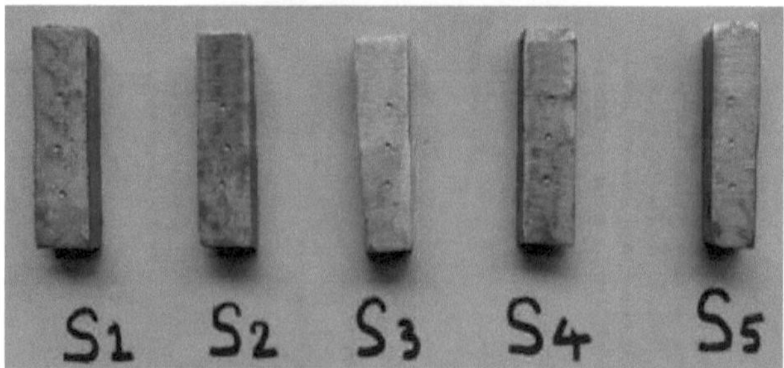

38

Fig. 3.18. Provetes de ensaio de dureza

A partir da Fig.3.16 verifica-se que o aumento da dureza é observado com a adição de diferentes reforços no material de base, o valor máximo é obtido para a amostra S5 devido à presença de B4C/CNT com o Se.

3.4.5 Resistência à corrosão

O teste de corrosão por imersão estática é efectuado à temperatura ambiente nas amostras para estudar as suas propriedades de corrosão. Antes da imersão em solução aquosa de NaCl a 3,5% em peso, as amostras compostas de Al6101-Se/B4C/CNT são trituradas até ao grão 1000 e depois limpas com água desionizada (estrona) e secas. Cada amostra é pesada antes de ser imersa numa solução de NaCl a 3,5% em peso (Fig. 3.19) e retirada após 48 horas. Após secagem completa à temperatura de 60°C, as amostras (Fig. 3.21) são novamente pesadas.

Tabela 3.11 Valores de corrosão dos compósitos

Número da amostra	Peso inicial (g)	Peso final (g)	Perda de peso(g)
1	2.9414	2.9252	0.0162
2	2.9786	2.9593	0.0193
3	2.2704	2.264	0.0064
4	1.8467	1.8206	0.0261
5	2.3036	2.2911	0.0125

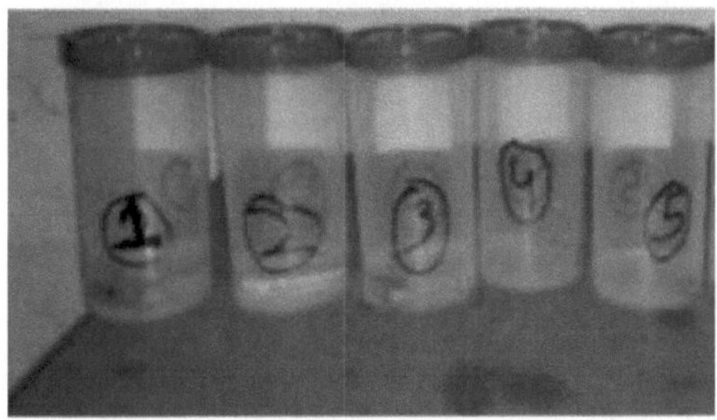

Fig 3.19: Configuração do ensaio de imersão

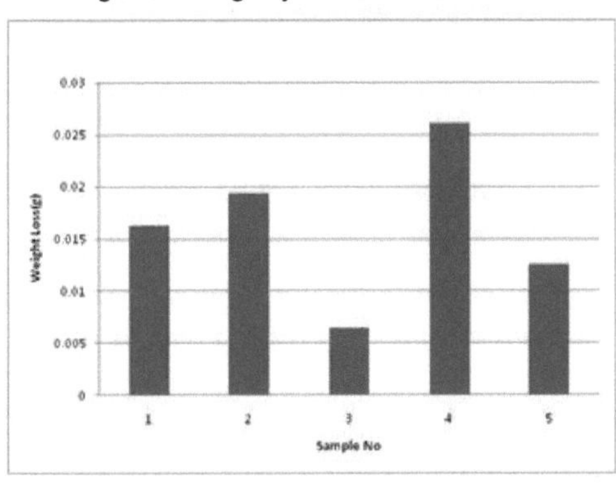

Fig.3.20. Número de amostras Vs Perda de peso por corrosão

Cinco amostras de compósitos Al6101-Se/B4C/CNT foram submetidas à mesma técnica. Em comparação com os restantes nano-compósitos desenvolvidos, a amostra S3 tem a menor perda de peso (elevada resistência à corrosão) devido à inclusão de 0,15 wt% de reforços de nanotubos de carbono com 0,7% de composto de selénio (Fig.3.20). A perda de peso na amostra S4 foi significativamente mais elevada do que nas outras amostras.

Fig 3.21. Amostras de ensaio de corrosão

3.4.6 Condutividade eléctrica

Neste trabalho, é utilizada a técnica de dois pontos para medir a resistividade. A resistividade do material pode ser obtida através da medição da resistência e das dimensões físicas das amostras compostas. Neste trabalho, o material é cortado sob a forma de uma barra retangular de comprimento l, altura h e largura w (Fig. 3.22), sendo ligados fios de cobre a ambas as extremidades das amostras, o que se designa por técnica de dois pontos, em que os fios são ligados ao material em dois pontos. Uma fonte de tensão aplica uma tensão V através da amostra, fazendo com que uma corrente I flua através da amostra. A quantidade de resistência R da barra é medida pelo multímetro, que está ligado em série com a barra e a fonte de tensão (Fig. 3.24). A queda de tensão através do amperímetro é insignificante. A resistividade p da barra é dada pela equação

$$\rho = \frac{R\,A}{l}$$

Onde R - Resistência (Ω), l l -Comprimento da amostra (m), e A- Área da secção transversal da amostra (m)^2

A condutividade eléctrica (o recíproco da resistividade) relacionada com as dimensões da amostra é apresentada da seguinte forma

Condutividade eléctrica $$(\sigma)= \frac{1}{\rho} = \frac{l}{R\,A} = \frac{G\,l}{A}\,(S\,/m)$$

Em que G é a condutância (S)

Os valores do ensaio são apresentados na Tabela 3.12 e é traçado um gráfico (Fig. 3.23) entre a amostra e a condutividade eléctrica.

Tabela.3.12 Valores de condutividade eléctrica dos compósitos

Número da amostra	Condutividade eléctrica (S/m)
1	56.25
2	81.81
3	60.00
4	90.00
5	81.81

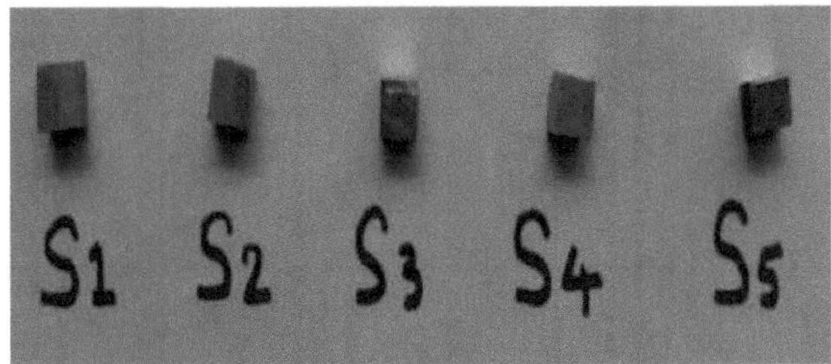

Fig 3.22 Amostras de ensaio de condutividade eléctrica

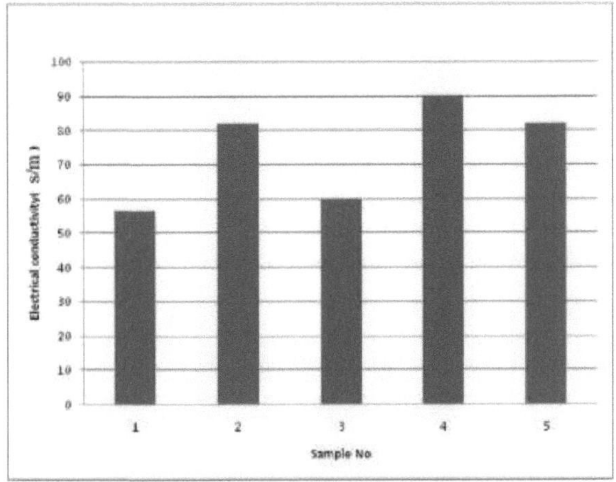

Fig.3.23 Número de amostras Vs Condutividade eléctrica

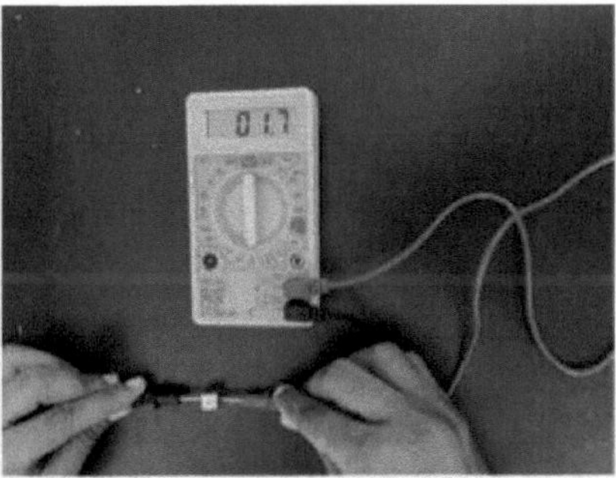

Fig.3.24 Medir a resistência com um multímetro

3.4.7. Resistência ao desgaste

De acordo com as normas ASTM, é utilizado um aparelho cilíndrico (Fig. 3.26) para ensaiar as amostras compósitas (3.27). Neste ensaio, um cilindro rotativo contra um bloco fixo estabelece um contacto quando o ensaio começa. Este ensaio permite a variação de materiais, velocidades, cargas, lubrificantes, revestimentos e diferentes atmosferas. O desgaste é calculado com base na perda de peso do material. A folha de abrasivo mais grosso de grau 60 é fixada sobre a parte móvel cilíndrica e os provetes são mantidos pela parte fixa. Ao rodar a parte cilíndrica, a carga externa constante de 1 kg é aplicada na amostra. As rotações equivalentes são efectuadas quase 84 vezes. A Tabela 3.13 mostra a perda de peso do material. Os parâmetros e as especificações do ensaio são os seguintes:

Tamanho do cilindro: ø 150 mm e 500 mm Comprimento

Material da folha de abrasivo mais grosso: grau 60

Revolução Equivalente : 84 vezes

Frequência de rotação : 40 ± 1 rpm

Carga aplicada: 1 kg

Tabela.3.13 Valores de desgaste dos compósitos

Número da amostra	Peso inicial (g)	Peso final (g)	Perda por desgaste (g)
1	5.2437	5.0476	0.1961
2	5.5956	5.4793	0.1163
3	4.9104	4.804	0.1064
4	4.7476	4.6215	0.1261
5	5.5034	5.3911	0.1123

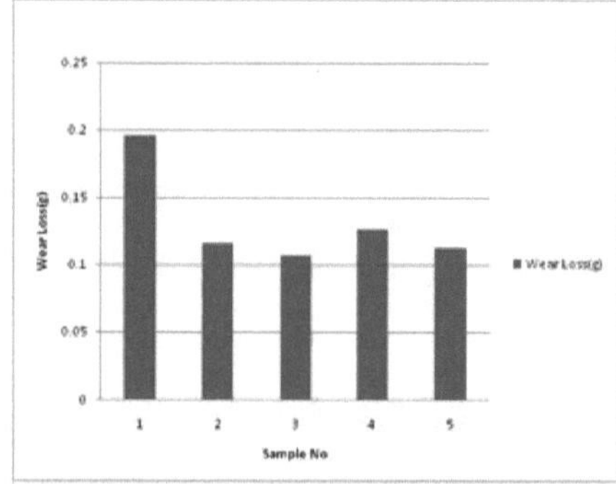

Fig 3.25 Número de amostras Vs Perda por desgaste

Fig 3.26 Configuração do ensaio de desgaste

42

Fig 3.27 Amostras de ensaio de desgaste

Fig.3.25, verifica-se que o aumento da resistência ao desgaste é observado com a adição de diferentes reforços no material de base, o valor máximo é obtido para a amostra 5 porque a combinação de reforços melhora a resistência do material de base.

3.4.8 Análise da microestrutura

A distribuição das partículas de B4C/Se/CNT nos compósitos desenvolvidos é observada através do estudo SEM. Nas imagens de SEM são observadas partículas de forma esférica correspondentes a Se, romboidais de B4C e formas tubulares de CNT na matriz (Fig. 3.28)

A partir das imagens SEM, observa-se através da visualização que as partículas de B4C/Se/CNT se distribuem uniformemente pelos compósitos. A boa fixação interfacial é conseguida através do pré-aquecimento das partículas antes de as adicionar ao metal fundido.

(a)SEM image of sample 1

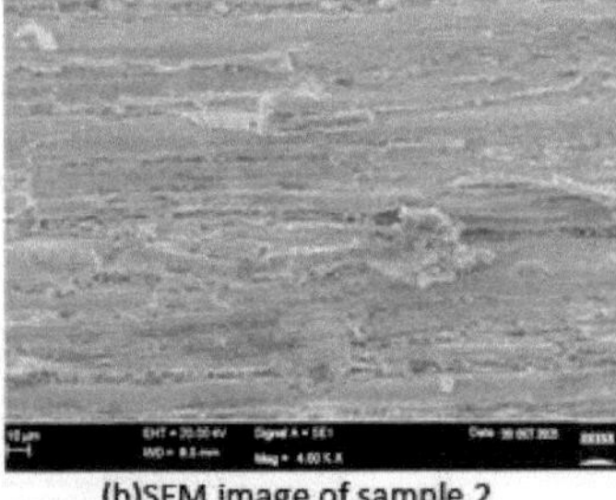
(b)SEM image of sample 2

(a)Imagem SEM da amostra 1 (b)Imagem SEM da amostra 2

(c)Imagem SEM da amostra 3

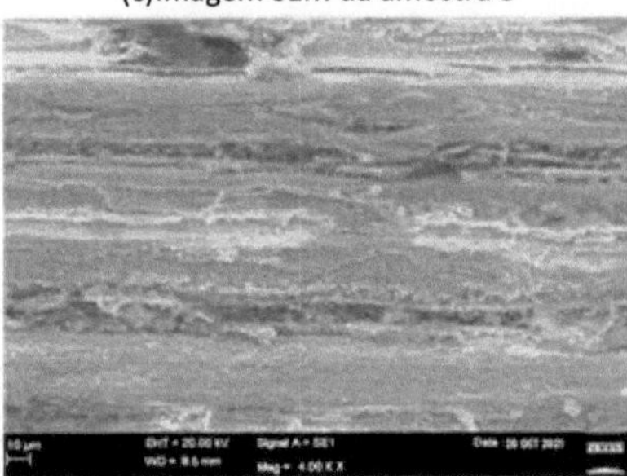
(d)Imagem SEM da amostra 4

(e)Imagem SEM da amostra 5

Fig 3.28 Imagens SEM das amostras compósitas

3.5 Seleção do melhor compósito

Os dados das propriedades dos compósitos obtidos através de ensaios são apresentados na Tabela 3.14 e o melhor compósito é selecionado através da análise dos dados de ensaio utilizando o método AHP-GRA, como se segue, considerando os pesos necessários para as caraterísticas.

Tabela 3.14 Dados dos ensaios de compósitos

Amostra Não	Tração Resistência (Mpa)	Dureza (HBW)	resistência ao impacto (Joules)	flexão Resistência (Mpa)	Elétrico Condutividade (S/m)	Perda por desgaste (g)	Perda por corrosão(g)
1	97.4	71.66	14	215.21	56.25	0.1961	0.0162
2	103.7	77.33	37.2	321.42	81.81	0.1163	0.0193
3	127.82	79	27.7	283.32	60	0.1064	0.0064
4	140.6	77	32	287.12	90	0.1281	0.0261
5	154.62	82.33	34	314.36	81.81	0.1123	0.0125
Máximo	154.62	82.33	37.2	321.42	90	0.1961	0.0261
Mínimo	97.4	71.66	14	215.21	56.25	0.1064	0.0064

Etapas do método AHP -GRA

No método AHP-GRA, em primeiro lugar, os pesos das diferentes propriedades são determinados através do AHP. Posteriormente, o melhor material, que possui as melhores propriedades, é identificado pelo GRA, adoptando os pesos das propriedades obtidos a partir do AHP.

i. **Etapa 1:** A identificação da importância relativa dos diferentes critérios em relação ao objetivo é feita através da preparação de uma matriz de comparação entre pares. Nesta etapa, são elaboradas matrizes de comparação e efectuadas comparações entre pares, como mostra a Tabela 3.15.

$$X_{ij} = \begin{bmatrix} 1 & a_{12} & a_{13} \\ a_{21} & 1 & a_{23} \\ a_{31} & a_{32} & 1 \end{bmatrix}, \text{......Eq 3.1}$$

$$i = 1,2,3, \dots, m \; ; j = 1,2,3, \dots, n$$

Quadro 3.15.Matriz de comparação

PASSO-1	CE	TS	IS	FS	H	IM	NÓS
CE	1	1	3	3	2	3	2
TS	1	1	2	2	4	2	2
IS	0.333333	0.5	1	2	3	2	2
FS	0.333333	0.5	0.5	1	3	3	2

H	0.5	0.25	0.333333	0.333333	1	2	2
IM	0.333333	0.5	0.5	0.333333	0.5	1	2
NÓS	0.5	0.333333	0.5	0.5	0.5	0.5	1
soma(v)	4	4.083333	7.833333	9.166667	14	13.5	13

Escalonamento das propriedades : O escalonamento é efectuado e, por conseguinte, as ponderações são calculadas com base no requisito de utilização numa aplicação específica, como na Tabela 3.15. Neste trabalho, a ordem de prioridade é dada como EC,TS,IS,FS,H,WI,WE, respetivamente, utilizando os seguintes valores de escala.

1 - Igual importância, 3 - Importância moderada, 5 - Importância forte,

7 - Importância muito forte, 9 - Importância extrema

2,4,6,8 - Valores intermédios , 1/3,1/5,1/7- Valores para comparação inversa.

ii. Etapa 2: Nesta etapa, a matriz de comparação normalizada é preparada e os pesos dos critérios são calculados com base na média de todos os elementos das linhas para cada linha separadamente

Tabela 3.16. Matriz de comparação normalizada

	CE	TS	IS	FS	H	IM	NÓS	pesos
CE	0.25	0.244898	0.382979	0.327273	0.142857	0.222222	0.153846	0.246296
TS	0.25	0.244898	0.255319	0.218182	0.285714	0.148148	0.153846	0.222301
IS	0.083333	0.122449	0.12766	0.218182	0.214286	0.148148	0.153846	0.152558
FS	0.083333	0.122449	0.06383	0.109091	0.214286	0.222222	0.153846	0.138437
H	0.125	0.061224	0.042553	0.036364	0.071429	0.148148	0.153846	0.091223
IM	0.083333	0.122449	0.06383	0.036364	0.035714	0.074074	0.153846	0.081373
NÓS	0.125	0.081633	0.06383	0.054545	0.035714	0.037037	0.076923	0.067812

iii. Etapa 3: Nesta etapa, os valores do rácio de consistência são calculados da seguinte forma (Tabela 3.18)

SW= soma de todos os elementos da linha

Rácio= SW/critérios

$\lambda.\text{max}$ =média do rácio

Índice de consistência (IC) $(CI) = (\lambda.\text{max}-n)/(n-1)$,

n= número de critérios na matriz de comparação entre pares Rácio de coerência = IC/RI

RI = índice aleatório retirado do quadro 3.17.

Tabela 3.17.Tabela de índices aleatórios

n	1	2	3	4	5	6	7	8	9	10
RI	0.00	0.00	0.58	0.90	1.12	1.24	1.32	1.41	1.45	1.49

Quadro 3.18 Valores do rácio de coerência

	CE	TS	IS	FS	H	IM	NÓS	SW	RELAÇÃO
CE	0.24629	0.22230	0.45767	0.4153	0.18244	0.24411	0.13562	1.90377	7.72958
TS	0.24629	0.22230	0.30511	0.2768	0.36489	0.16274	0.13562	1.71384	7.70958
IS	0.08209	0.11115	0.15255	0.2768	0.27367	0.16274	0.13562	1.19472	7.83126
FS	0.08209	0.11115	0.07627	0.1384	0.27367	0.24411	0.13562	1.06137	7.66687
H	0.12314	0.05557	0.05085	0.0461	0.09122	0.16274	0.18244	0.71213	7.80652
IM	0.08209	0.11115	0.07627	0.0461	0.04561	0.08137	0.13562	0.57828	7.10656
NÓS	0.12314	0.0741	0.07627	0.0692	0.04561	0.04068	0.06781	0.49685	7.32698

X	7.59677

IC	0.099462
CR	0.07535

Assim, o valor CR é inferior a 10%, pelo que a matriz de comparação entre pares é aceitável.

iv. Passo-4: Neste passo, os valores dos dados de teste são normalizados da seguinte forma e representados na Tabela 3.19. As sequências de comparabilidade $x^*_i(k)$ podem ser calculadas da seguinte forma para "Quanto mais baixo melhor"

$$x^*_i(k) = \frac{\max x^0_i(k) - x^0_i(k)}{\max x^0_i(k) - \min x^0_i(k)} \quad \text{----(Eq-5.1)}$$

As sequências de comparabilidade $x^*_i(k)$ podem ser calculadas do seguinte modo para "Maior é melhor"

$$x^*_i(k) = \frac{x^0_i(k) - \min x^0_i(k)}{\max x^0_i(k) - \min x^0_i(k)} \quad \text{----(Eq-5.2)}$$

Para i=1, 2,   39,   k =1, 2, 3,4... Onde "k" é o número de respostas e "i" é o número de pistas experimentais

Tabela 3.19.Normalização dos dados de ensaio

Número da amostra	Tração Força	Dureza	resistência ao impacto	flexão Força	Elétrico Condutividade	Perda por desgaste	Corrosion perdidos
1	0	0	0	0	0	0	0.502538
2	0.1101013	0.531396	1	1	0.757333	0.8896321 1	0.345178
3	0.531632	0.687910	0.590517	0.641277	0.111111	1	1
4	0.7549807	0.500468	0.775862	0.677055	1	0.7580825	0
5	1	1	0.862069	0.933528	0.757333	0.9342252	0.690355

v. Etapa 5: Nesta etapa, a sequência de desvios é calculada do seguinte modo e representada no quadro 3.20

Sequência de desvios $(\Delta_{ij}) = X_{oi} - X_{ij}$, Onde Xoi -max da coluna de cada propriedade,

xij - valores da coluna correspondente a i e j

Tabela 3.20. Valores da sequência de desvios

Amostra Não	Tração Força	Dureza	resistência ao impacto	flexão Força	Elétrico Condutividade	Desgaste Perda	Corrosão perda
1	1	1	1	1	1	1	0.497462
2	0.88989864	0.468604	0	0	0.242667	0.110368	0.654822
3	0.4683677	0.31209	0.409483	0.358723	0.888889	0	0
4	0.24501922	0.499531	0.224138	0.322945	0	0.241918	1
5	0	0	0.137931	0.066472	0.242667	0.065775	0.309645

vi.Passo-6: O coeficiente da relação cinzenta e o grau da relação cinzenta (GRG) são calculados e representados no quadro 3.21.

O coeficiente da relação cinzenta $\xi_i(k)$ pode ser calculado utilizando a seguinte equação

O coeficiente de correlação de cinzentos $\xi_i(k)$ para a k-ésima resposta na i-ésima experiência pode ser expresso como (Eq. 5.3)

$$\xi_i(k) = \frac{\Delta_{min} + \zeta\, \Delta_{max}}{\Delta_{oi}(k) + \zeta\, \Delta_{max}} \quad ....\text{Eq5.3}$$

O grau relacional cinzento é calculado utilizando a Eq. 5.4

$$\gamma_i = \frac{1}{n}\sum_{k=1}^{n} w_k\, \xi_i(k) \quad \text{---Eq 5.4}$$

Tabela 3.21. Valores do coeficiente da relação de cinzentos e do grau da relação de cinzentos (GRG)

Amostra Não	Valores dos coeficientes da relação de cinzentos							GRG
	Tração Força	Dureza	resistência ao impacto	flexão Força	Elétrico Condutividade	Desgaste Perda	Corrosão perda	
1	0.33333	0.33333	0.3333	0.3333	0.3333	0.33333	0.5012	0.3573
2	0.35973	0.51620	1	1	0.6732	0.81917	0.4329	0.6859
3	0.51633	0.61569	0.5497	0.5822	0.3600	1	1	0.6605
4	0.67112	0.50023	0.6904	0.6075	1	0.67392	0.3333	0.6395
5	1	1	0.7837	0.8826	0.6732	0.88374	0.6175	0.8344

vii. Etapa 7: Nesta etapa, os valores do coeficiente relacional Grey são multiplicados pelos pesos (Tabela 3.16) e faz-se a média dos coeficientes para calcular o GRG ponderado. É selecionada a amostra composta com a média ponderada mais elevada, que possui as propriedades necessárias para satisfazer a aplicação.

Quadro 3.22 Valores GRG ponderados

Amostra Não	Tração Resistência (Mpa)	Dureza (HBW)	resistência ao impacto (Joules)	flexão Resistência (Mpa)	Elétrico Condutividade (S/m)	Desgaste Perda (g)	Perda por corrosão(g)	GRG ponderado
1	0.08209	0.07410	0.05085	0.04614	0.030408	0.04079	0.0226	0.04957
2	0.16581	0.07997	0.15255	0.13843	0.047090	0.03523	0.0555	0.09637
3	0.08866	0.11478	0.08387	0.08060	0.056166	0.08137	0.0678	0.08189
4	0.24629	0.14919	0.10533	0.08411	0.045633	0.05484	0.0457	0.10444
5	0.16581	0.22230	0.11957	0.12219	0.091223	0.07191	0.0599	0.12185

A partir do método AHP-GRA, a amostra S5 (AL 6101-98,45% + 0,7% B4C + 0,7% Se +0,15% CNT) tem as melhores propriedades em comparação com as restantes amostras compostas. Por conseguinte, é levada para EDM para estudar as suas caraterísticas de maquinagem.

CAPÍTULO-4

MAQUINAGEM POR DESCARGA ELÉCTRICA COM FIO DE AMMC HÍBRIDO

4.1 Introdução

Este capítulo trata da configuração da electroerosão, da conceção das experiências, da realização de dois conjuntos de experiências de electroerosão e da medição das respostas à maquinagem.

4.2 Configuração de EDM de fio

Neste trabalho, a máquina WEDM (RATNAPARKHI 2530 pro smart cut) é utilizada para realizar experiências, a configuração da máquina WEDM é mostrada na Fig 4.1 e as especificações são mostradas na Tabela 4.1.

Fig 4.1 Configuração da máquina WEDM

Tabela 4.1 Especificações da configuração da máquina WEDM

Mesa de trabalho	
Conceção	Coluna fixa, quadro móvel
Tamanho do quadro	440 mm x 650 mm x 300 mm
Dimensão máxima da peça de trabalho	
Altura máxima da peça de trabalho	200 mm
Peso máximo da peça de trabalho	500 kg
Travessia da mesa principal (X,Y)	300 mm x 400 mm
Aux. Travessia de mesa (U,V)	80 mm x 80 mm
Diâmetro do fio elétrodo	0,25 mm (padrão), 0,20 mm (opcional)
Gerador de impulsos	

Gerador de impulsos	ELPULS-40 A DLX
Controlador CNC	EMT 100W-5
Fonte de alimentação de entrada	3 fases, AC, 415 V , 50 Hz
Carga ligada	10 Kva
Consumo médio de energia	6 a 7 Kva
Sistema dielétrico	
Unidade dieléctrica	DL 25 P
Fluido dielétrico	Água desionizada

4.3 Realização de experiências EDM

Neste trabalho, são realizados dois conjuntos de experiências de EDM num compósito selecionado (S5): Al6101-Se/B4C/CNT. Os dados experimentais das respostas de maquinação, tais como rugosidade da superfície, taxa de remoção de material, largura do corte e desgaste da ferramenta, são medidos para cada ensaio experimental.

No primeiro conjunto, as experiências são realizadas de acordo com o desenho experimental de Taguchi para diferentes combinações de parâmetros, como o tipo de eletrólito (água destilada, etilenoglicol), a tensão do fio e a alimentação do fio. Para o segundo conjunto, as experiências EDM são realizadas no mesmo compósito de acordo com o desenho experimental de Taguchi para diferentes combinações de parâmetros, tais como o tipo de fio do elétrodo, TON, TOFF e corrente de pico, fixando o tipo de eletrólito, a tensão do fio e a alimentação do fio como constantes que são retiradas do primeiro conjunto de dados experimentais. Os dados experimentais das respostas à maquinagem são medidos para cada ensaio experimental

4.3.1 Experiência EDM do conjunto I

Na experiência do Conjunto I, os parâmetros do processo e os seus níveis são apresentados na Tabela 4.2(a). As experiências são conduzidas de acordo com Taguchi OA9 (Tabela 4.3) no compósito Al6101-Se/B4C/CNT e as respostas de maquinação são registadas para cada execução da experiência (Tabela 4.3), mantendo os outros parâmetros constantes (Tabela 4.2(b)). O compósito maquinado é apresentado na Fig. 4.2.

Tabela.4.2(a): Parâmetros do processo e respectivos níveis

N.º de Sl.	Parâmetros do processo	Símbolo	Nível 1	Nível 2	Nível 3
1	Eletrólito	X	Água destilada (DW) +Etilenoglicol (EG)	Água destilada (DW)	ÁGUA
2	Alimentação do fio (m/min)	Y	8	9	10
3	Tensão do fio (gms)	Z	35	37	40

Tabela.4.2(b): Valores dos parâmetros constantes do processo

Parâmetros constantes	Valores
Elétrodo	Latão
Tempo de pulso ligado	100 |j.s
Tempo de desativação do impulso	42 |j.s
Corrente de pico	2 Amp
Pressão da água	45kgf/cm^2

Fig 4.2 Peça de trabalho após a maquinagem

Tabela 4.3 Matriz ortogonal (OA9) juntamente com as respostas de maquinagem para o Conjunto I experiência.

Exp não	X	Y	Z	Rugosidade da superfície (µт)	Material Taxa de remoção (mm^3 /min)	Largura do perfil (mm)	Desgaste da ferramenta (mm)
01	1	1	1	0.563	0.0298	0.273	0.024
02	1	1	2	0.652	0.0321	0.291	0.035
03	1	1	3	0.474	0.0332	0.318	0.044
04	2	2	1	0.736	0.0328	0.316	0.031
05	2	2	2	0.598	0.0354	0.314	0.043
06	2	2	3	0.357	0.0361	0.312	0.052
07	3	3	2	0.799	0.0373	0.357	0.053
08	3	3	3	0.578	0.0396	0.345	0.062
09	3	3	1	0.443	0.0463	0.367	0.038

4.3.2 Conjunto-2 Experiência EDM

Foi preparado um desenho experimental OA18 (Tabela 4.5), considerando diferentes parâmetros: tempo de pulso, tempo de desligamento e corrente de pico em três níveis e material do elétrodo em dois níveis (Tabela 4.4a), mantendo os outros parâmetros constantes (Tabela 4.4(b)) utilizando o Minitab. As respostas à maquinação são registadas para cada ensaio (Tabela 4.6). Os compósitos maquinados são apresentados na Fig. 4.3.

Tabela.4.4(a): Parâmetros do processo e respectivos níveis

sl.no	Parâmetros do processo	Símbolo	Nível 1	Nível 2	Nível 3
1	material do elétrodo	A	Latão revestido a Zn	latão	-
2	tempo de ativação do impulso (|is)	B	100	105	110
3	tempo de paragem dos	C	36	42	48

4	impulsos (|is)				
	corrente de pico (amp)	D	1	2	3

Tabela 4.4(b): Valores dos parâmetros constantes do processo

Parâmetros constantes	
Eletrólito	DW+EG
Tensão do fio	35gms
Alimentação de arame	10m/min
Pressão da água	45kg/cm2

Fig. 4.3. Peças após maquinagem

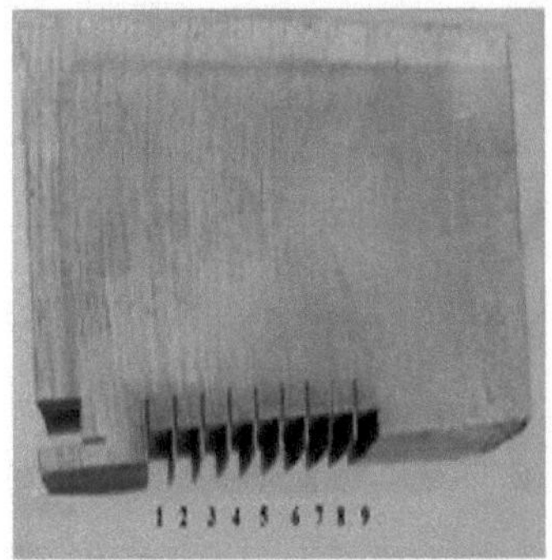

Fig 4.3(a)

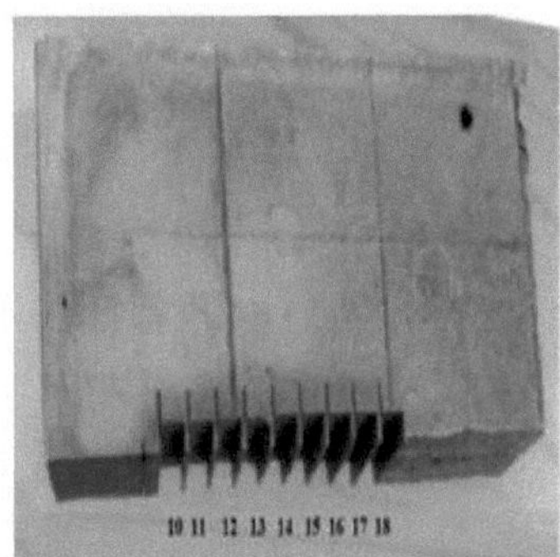

Fig 4.3(b)

Tabela 4.5 Matriz ortogonal OA18

Exp não.	Parâmetros WEDM			
	elétrodo	Ton(^{s})	Toff(RS)	Ip(amp)
1	1	100	36	1
2	1	100	36	2
3	1	100	36	3
4	1	105	42	1
5	1	105	42	2
6	1	105	42	3
7	1	110	48	2
8	1	110	48	3
9	1	110	48	1
10	2	100	36	3
11	2	100	36	1
12	2	100	36	2
13	2	105	42	2
14	2	105	42	3
15	2	105	42	1
16	2	110	48	3
17	2	110	48	1
18	2	110	48	2

Tabela 4.6. Respostas de maquinagem

Exp não.	Resultados experimentais			
	Rugosidade da superfície (µт)	Taxa de remoção de material (mm^3/min)	Largura do perfil (mm)	Desgaste da ferramenta (mm)
1	0.572	0.0296	0.262	0.022
2	0.636	0.0314	0.282	0.036
3	0.454	0.0323	0.309	0.043
4	0.427	0.0412	0.365	0.062
5	0.581	0.0338	0.301	0.041
6	0.336	0.0353	0.316	0.054
7	0.791	0.0362	0.342	0.051
8	0.563	0.0391	0.332	0.064
9	0.422	0.0442	0.351	0.039
10	0.561	0.0329	0.301	0.031
11	0.614	0.0387	0.313	0.028
12	0.424	0.0375	0.322	0.041
13	0.414	0.0393	0.301	0.031
14	0.732	0.0343	0.371	0.052
15	0.615	0.0386	0.335	0.031
16	0.526	0.0376	0.341	0.063
17	0.531	0.0393	0.353	0.024
18	0.718	0.0319	0.309	0.030

4.4 Respostas de maquinagem

As respostas de maquinação, como a rugosidade da superfície, a taxa de remoção de material, a largura do corte e o desgaste da ferramenta, são medidas para cada execução experimental.

(i) Rugosidade da superfície

A rugosidade da superfície (SR) é uma das respostas mais importantes no processo de maquinagem WEDM, sendo normalmente expressa em µт. A rugosidade da superfície é uma medida da textura da superfície. É quantificada pelos desvios verticais de uma superfície real em relação à sua forma ideal. No presente trabalho, a rugosidade da superfície é medida utilizando o dispositivo de medição Talysurf, como se mostra na Fig. 4.4.

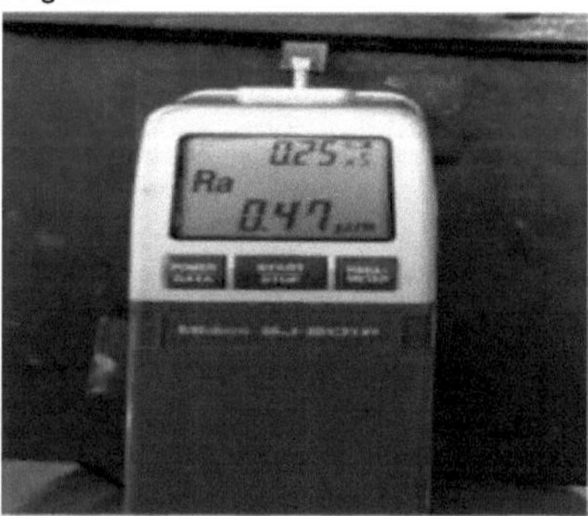

Fig. 4.4: Aparelho de medição da rugosidade superficial Talysurf

(ii) Taxa de remoção de material

A taxa de remoção de material (MRR) da peça de trabalho é a quantidade de material removido por minuto. Na WEDM, o material é erodido da peça de trabalho através de uma série de faíscas discretas entre a peça de trabalho e o fio elétrodo imerso no meio dielétrico líquido. Estas descargas eléctricas fundem e vaporizam quantidades ínfimas do material a trabalhar, que são depois ejectadas e arrastadas pelo fluido dielétrico. O MRR é influenciado pelo tipo de máquina, bem como pelas propriedades e caraterísticas da peça de trabalho que está a ser cortada.

MRR = Volume de material removido/Tempo de corte (min)

$$\text{Volume} = \text{Área} \times \text{Comprimento}$$

área = 2πrl (fio)

Comprimento = Comprimento total da trajetória (mm)

l - comprimento do fio (mm)

r - raio do fio (mm)

(iii) Largura do perfil

A largura de corte (KW) é a quantidade de oscilação criada durante o corte e a quantidade de material retirado dos lados do corte. A largura necessária do corte na peça de trabalho é a largura programada, que é introduzida no programa de corte. Após a maquinagem, a largura obtida é medida ao microscópio (Fig. 4.5). A largura do corte é calculada como a diferença entre a largura programada e a largura obtida e é expressa em mm.

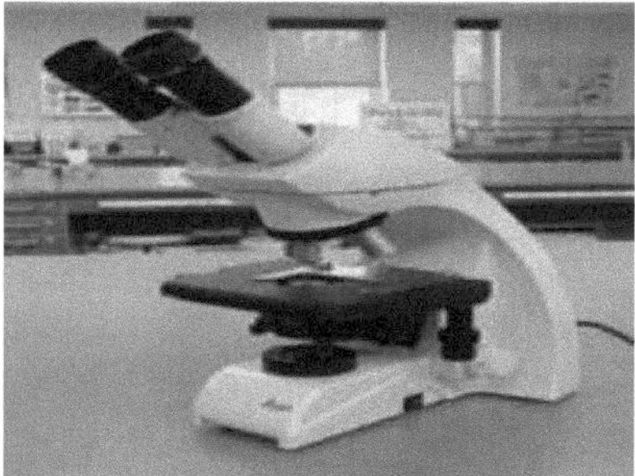

Fig. 4.5: Medição da largura do corte ao microscópio

(iv)Desgaste da ferramenta

O desgaste da ferramenta (TW) descreve a falha gradual da ferramenta de corte devido ao funcionamento regular. A quantidade de material desgastado do fio é calculada por um micrómetro com uma contagem mínima de 0,0001 mm. Antes da maquinação, o diâmetro do fio é registado e, após cada maquinação, o diâmetro do fio é calculado por um micrómetro (Fig. 4.6). A quantidade de desgaste da ferramenta é calculada utilizando a seguinte fórmula.

Desgaste da ferramenta = diâmetro do fio antes da maquinagem - diâmetro do fio após a maquinagem

Fig. 4.6: Medição do diâmetro do fio com um micrómetro

CAPÍTULO-5

SELECÇÃO DOS PARÂMETROS ÓPTIMOS DO PROCESSO DE EDM

5.1 Introdução

Este capítulo trata da seleção dos parâmetros ideais do processo utilizando os métodos GRA-Taguchi e Fuzzy-Taguchi, analisando as respostas à maquinagem. Além disso, apresenta a Análise de Variância para identificar a ordem dos parâmetros de processo influentes nas respostas e também os resultados dos testes de confirmação

5.2 Análise das respostas de maquinagem e seleção de parâmetros de processo óptimos

Os dados experimentais das respostas de maquinagem, como a rugosidade da superfície, a taxa de remoção de material, a largura do corte e o desgaste da ferramenta de dois conjuntos de experiências de EDM que são realizadas no compósito selecionado (S5): Al6101-Se/B4C/CNT. A influência dos parâmetros do processo nas respostas é estudada e são selecionados parâmetros de processo óptimos. A análise de variância também é utilizada para identificar a ordem dos parâmetros de processo influentes nas respostas.

5.2.1 Análise dos dados experimentais do conjunto 1

É efectuada uma análise do primeiro conjunto de dados experimentais de EDM relativos às respostas de maquinagem e os valores óptimos dos parâmetros são identificados utilizando o método de análise da relação S/N GRA-Taguchi, como a seguir se indica.

Etapas do método da relação S/N GRA-Taguchi:

i. Normalização de dados

No processo EDM, uma menor rugosidade da superfície, o desgaste da ferramenta e a largura do corte são indicações de um melhor desempenho. Assim, para a normalização dos dados na análise relacional cinzenta, "menor é melhor" (Eq-5.1) é um requisito adequado para estas respostas e, do mesmo modo, "maior é melhor" (Eq-5.2) é adequado para a MRR. A normalização dos dados experimentais da experiência do Conjunto I das respostas de maquinagem (Tabela 4.3) é efectuada da seguinte forma.

As sequências de comparabilidade $x^*_i(k)$ podem ser calculadas do seguinte modo para "Quanto mais baixo melhor"

$$x^*_i(k) = \frac{\max x^0_i(k) - x^0_i(k)}{\max x^0_i(k) - \min x^0_i(k)} \quad \text{----(Eq-5.1)}$$

As sequências de comparabilidade $x*i(k)$ podem ser calculadas do seguinte modo para "Maior é melhor"

$$x^*_i(k) = \frac{x^0_i(k) - \min x^0_i(k)}{\max x^0_i(k) - \min x^0_i(k)} \quad \text{----(Eq-5.2)}$$

Para i=1, 2,   39,   k =1, 2, 3,4...

Onde "k" é o número de respostas e "i" é o número de pistas experimentais

Tabela 5.1 Normalização das respostas de maquinagem dos dados do Conjunto I

S.N.	Rugosidade da superfície	MRR	Largura do carril	Desgaste da ferramenta
1	0.533937	0	1	1
2	0.332579	0.139394	0.808511	0.710526
3	0.735294	0.206061	0.521277	0.473684
4	0.142534	0.181818	0.542553	0.815789
5	0.454751	0.339394	0.56383	0.5
6	1	0.381818	0.585106	0.263158

7	0	0.454545	0.106383	0.236842
8	0.5	0.593939	0.234043	0
9	0.80543	1	0	0.631579

ii. Sequência de desvios

A sequência de desvios é calculada da seguinte forma e representada no Quadro 5.2

$$\text{Sequência de desvios } (\Delta ij) = Xoi\text{-}Xij$$

em que Xoi -máximo da coluna de cada bem,

Xij - valores da coluna correspondente a i e j

Tabela 5.2 Sequências de desvio das respostas de maquinagem

S.N.	Rugosidade da superfície	MRR	Largura do carril	Desgaste da ferramenta
1	0.466063	1	0	0
2	0.667421	0.860606	0.191489	0.289474
3	0.264706	0.793939	0.478723	0.526316
4	0.857466	0.818182	0.457447	0.184211
5	0.545249	0.660606	0.43617	0.5
6	0	0.618182	0.414894	0.736842
7	1	0.545455	0.893617	0.763158
8	0.5	0.406061	0.765957	1
9	0.19457	0	1	0.368421

iii. Cálculo dos coeficientes de relação cinzenta

O coeficiente de distinção Z pode ser substituído na Eq. 5.3 para determinar o coeficiente de relação cinzenta. Se todos os parâmetros do processo tiverem a mesma ponderação, então Z é 0,5. Os valores do coeficiente relacional cinzento para cada experiência da matriz ortogonal L9 foram calculados utilizando a Eq. 5.3 e anotados na Tabela 5.3.

O coeficiente de correlação de cinzentos $\xi_i(k)$ para a kª resposta na iª experiência pode ser expresso da seguinte forma

$$\xi_i(k) = \frac{\Delta_{min} + \zeta \, \Delta_{max}}{\Delta_{oi}(k) + \zeta \, \Delta_{max}} \, ...Eq5.3$$

iv. Determinação do grau relacional cinzento (GRG)

O grau é calculado utilizando a Eq 5.4 e anotado no Quadro 5.3.

$$\gamma_i = \frac{1}{n}\sum_{k=1}^{n} w_k \, \xi_i(k) \ \text{---Eq 5.4}$$

Quadro 5.3 Grau e classificação da relação de Grey

N.º ex.	Superfície	MRR	Largura do carril	Desgaste da ferramenta	Soma	Grau de relação cinzenta	Classificação
1	0.517564	0.517564	1	2	4.035129	1.008782	1
2	0.428295	0.428295	0.723077	1.266667	2.846333	0.711583	3
3	0.653846	0.653846	0.51087	1.026316	2.844878	0.711219	4
4	0.368333	0.368333	0.522222	1.461538	2.720427	0.680107	5
5	0.478355	0.478355	0.534091	1	2.490801	0.6227	6
6	1	1	0.546512	0.808511	3.355022	0.838756	2
7	0.333333	0.333333	0.358779	0.791667	1.817112	0.454278	9

| 8 | 0.5 | 0.5 | 0.394958 | 0.666667 | 2.061625 | 0.515406 | 8 |
| 9 | 0.71987 | 0.71987 | 0.333333 | 0.666667 | 2.439739 | 0.609935 | 7 |

v. Realização da análise do rácio S/N

A análise da relação S/N é efectuada com base no grau relacional de cinzento (GRG) e são apresentadas as suas respostas de saída para a relação sinal/ruído (Quadro 5.4) e os gráficos dos efeitos principais para as relações S/N (Fig. 5.1).

Tabela 5.4 Tabela de resposta para rácios sinal/ruído

Nível	Eletrólito	Alimentação do fio	Tensão do fio
1	-1.946	-3.375	-2.403
2	-2.997	-4.276	-3.533
3	-5.635	-2.927	-4.643
Delta	3.688	1.348	2.240
Classificação	1	3	2

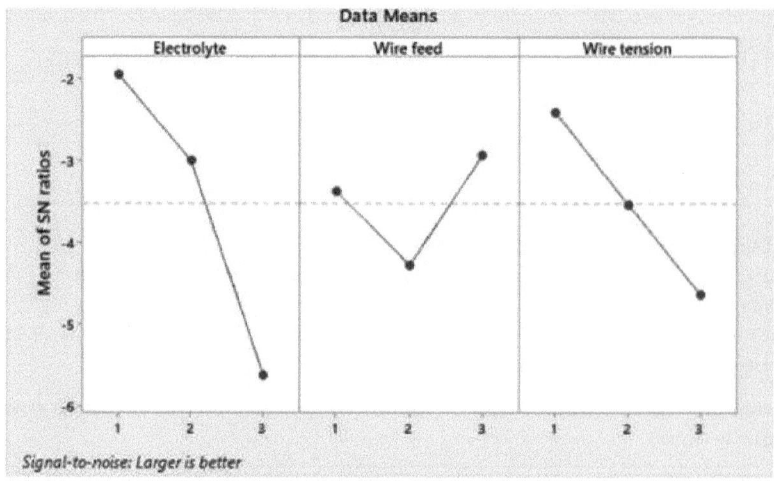

Fig 5.1 Gráficos de efeitos principais para rácios S/N.

5.2.1.1 Seleção da combinação óptima de parâmetros influentes

Os valores óptimos dos parâmetros influentes são identificados (Fig. 5.1), o que corresponde a um rácio S/N mais elevado, sendo a definição óptima dos parâmetros influentes X1Y3Z1.

5.2.1.2 Confirmação dos resultados

O teste de confirmação é realizado para os valores dos parâmetros óptimos obtidos a partir de Grey-Taguchi (eletrólito, alimentação do fio, tensão do fio) e as respostas são registadas (Tabela 5.5). Os resultados do teste de confirmação são melhores do que os resultados experimentais (Tabela 4.3).

Tabela 5.5: Resultados do teste de confirmação

Definição óptima dos parâmetros	Rugosidade da superfície (µт)	Taxa de remoção de material (mm^3/min)	Largura do cordão (mm)	Desgaste da ferramenta (mm)	GRG
X1Y3Z1	0.543	0.031	0.253	0.0231	1.0134

5.2.1.3 Análise de variância

A ordem dos parâmetros influentes que afectam as respostas de maquinagem é determinada através da realização de uma análise de variância (ANOVA) sobre os valores do grau de relação cinzenta utilizando o software mini tab e os resultados são apresentados na Tabela 5.6. A partir dos resultados da ANOVA, verifica-se que o eletrólito tem mais influência nas respostas combinadas de maquinagem e o mesmo é conhecido a partir da Tabela 5.4. A ordem dos parâmetros influentes é Eletrólito, Tensão do fio e Avanço do fio, o que significa que o eletrólito tem mais influência nas respostas e segue os outros, respetivamente.

Tabela 5.6: Resultados da ANOVA

Fonte	DF	Adj SS	Adj EM	Valor F	Valor P	% Contribuição
Eletrólito	2	0.12508	0.062541	6.34	0.136	56.50
Alimentação do fio	2	0.02029	0.010147	1.03	0.493	9.17
Tensão do fio	2	0.05627	0.028135	2.85	0.260	25.42
Erro	2	0.01974	0.009871			8.92
Total	8	0.22139				

5.2.2 Análise dos dados experimentais do conjunto 2

A análise é realizada no segundo conjunto de dados experimentais de EDM (Tabela 4.6) de respostas de maquinagem, tais como rugosidade da superfície, taxa de remoção de material, largura de corte e desgaste da ferramenta, e os valores óptimos dos parâmetros são identificados utilizando a análise da relação S/N GRA-Taguchi, utilizando o procedimento apresentado na secção 5.2.1 e os valores GRG são representados na Tabela 5.7. Além disso, a análise da relação S/N é efectuada em GRG, são apresentados os valores de resposta para a relação sinal/ruído (Tabela 5.80) e os gráficos principais para as relações SN (Fig. 5.2).

Tabela 5.7: Valores de grau de relação cinzenta para respostas de maquinagem

| Exp.no | Coeficiente de relação cinzenta | | | | Grau relacional cinzento | Classificação |
	Rugosidade da superfície (цт)	MRR (mm^3/min)	Largura do cordão (mm)	Desgaste da ferramenta (mm)		
1	1	0.333333	0.333333	2.666667	0.666667	2
2	0.802198	0.379791	0.428571	2.412758	0.603189	7
3	0.73	0.467811	0.5	2.427811	0.606953	6
4	0.386243	0.900826	0.913043	2.586357	0.646589	3
5	0.634783	0.437751	0.477273	2.184589	0.546147	12
6	0.561538	0.497717	0.677419	2.298213	0.574553	10
7	0.52518	0.652695	0.617647	2.320701	0.580175	9
8	0.434524	0.582888	1	2.451935	0.612984	5
9	0.333333	0.731544	0.456522	1.854732	0.463683	16
10	0.688679	0.437751	0.388889	2.203998	0.551	11
11	0.445122	0.484444	0.368421	1.743109	0.435777	17
12	0.480263	0.52657	0.477273	1.964369	0.491092	13
13	0.429412	0.437751	0.388889	1.685463	0.421366	18
14	0.608333	1	0.636364	2.85303	0.713258	1
15	0.447853	0.60221	0.388889	1.886804	0.471701	15
16	0.477124	0.64497	0.954545	2.553764	0.638441	4
17	0.429412	0.751724	0.344262	1.95481	0.488702	14
18	0.760417	0.467811	0.381818	2.370463	0.592616	8

Tabela 5.8 Respostas para os rácios sinal/ruído

Nível	elétrodo	pulso ligado	pluse off	corrente de pico
1	-7.697	-7.830	-7.607	-7.675
2	-7.754	-7.668	-7.565	-7.730
3		-7.679	-8.005	-7.772
Delta	0.057	0.162	0.439	0.097
Classificação	4	2	1	3

Maior é melhor

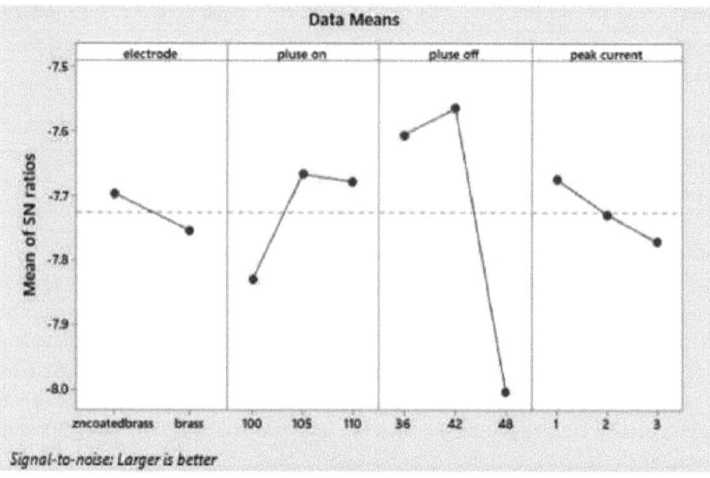

Fig 5.2 Gráficos principais para os rácios SN das médias dos dados (GRG)

5.2.2.1 Seleção da combinação óptima de parâmetros influentes

Os valores óptimos dos parâmetros influentes são identificados a partir desta análise (Figura 5.2), que correspondem a uma relação S/N mais elevada. A configuração óptima dos parâmetros influentes é A1B2C2D1, ou seja, tipo de fio do elétrodo: Elétrodo revestido de Zn, tempo de ativação do impulso: 105 |is, tempo de desativação do impulso: 42 |is, corrente de pico: 01 ampère.

5.2.2.2 ANOVA dos valores do grau de cinzento

A ordem dos parâmetros influentes que afectam as respostas de maquinagem é determinada através da realização de uma análise de variância (ANOVA) sobre os valores de grau relacional cinzento utilizando o software mini tab e os resultados são apresentados na Tabela 5.9. A partir dos resultados da ANOVA, sabe-se que o eletrólito tem mais influência nas respostas combinadas de maquinagem e o mesmo se verifica na Tabela 5.8. A ordem dos parâmetros influentes é: tempo de desativação do impulso, tempo de ativação do impulso, corrente de pico e elétrodo.

Tabela 5.9 Resultados da ANOVA

Fonte	DF	AdjSS	Adj EM	Valor F	Valor P	%Contribuição
Elétrodo	2	0.000557	0.000028	0.09	0.766	9.07
Pulso ligado	2	0.002	0.000407	0.3	0.747	33.74
Pulso desligado	2	0.002086	0.000793	1.95	0.193	35.20
Corrente de pico	2	0.000745	0.000122	0.07	0.933	12.57
Erro	2	0.000538	0.000038			9.07
Total	10	0.005926				100

5.2.2.3 Confirmação dos valores óptimos dos parâmetros GRA-Taguchi

A combinação óptima de parâmetros obtida pelo método GRA-Taguchi (tipo de fio do elétrodo: Zn coated electrode, pulse on time :105 |is, pulse off time:42 |is, peak current:01 amp) está disponível nos dados experimentais (Tabela 4.6). Estes valores são mostrados na Tabela 5.10, caso contrário o teste de confirmação teria sido realizado

Quadro 5.10.Confirmação dos resultados

Método de otimização	Definição óptima dos parâmetros	Respostas de maquinagem				GRG
		Rugosidade da superfície (цт)	Taxa de remoção de material (mm³ /min)	Largura do cordão (mm)	Desgaste da ferramenta (mm)	
GRA-Taguchi	A1B2C2D1	0.427	0.0412	0.365	0.062	0.6465

5.3 Método Fuzzy-Taguchi

O método integrado de Fuzzy-Taguchi é aplicado nas relações S/N das respostas experimentais (Tabela 5.8). Em primeiro lugar, o COM é obtido a partir do Fuzzy mamdani como saída com base nas entradas (rugosidade da superfície, largura do corte, desgaste da ferramenta, MRR) fornecidas ao modelo Fuzzy (Fig. 5.3). As relações S/N (Tabela 5.10) são calculadas para todas as respostas antes de as alimentar com o modelo Fuzzy. Depois disso, são desenvolvidas funções de associação para todas as respostas e COM (Fig. 5.4 a Fig. 5.8) com base nas regras desenvolvidas (Fig. 5.9 a Fig. 5.10). Os rácios S/N e os valores COM são apresentados na Tabela 5.10

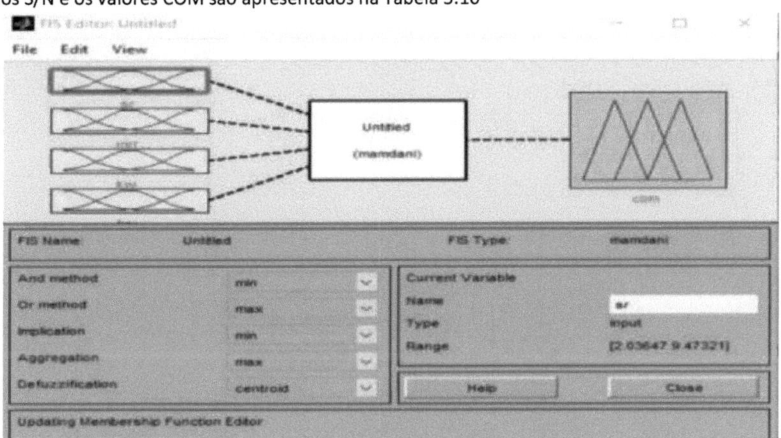

Fig 5.3 Variável de entrada e variáveis de saída do sistema Fuzzy.

Quadro 5.11 Rácios S/N e COM

Sl.n	SR	MRR	Kw	Duas	COM
1	4.85208	-30.5742	11.6340	33.1515	3.12
2	2.93086	-30.0614	10.9950	28.8739	2.31
3	6.85888	-29.8159	10.2008	27.3306	2.55
4	2.87751	-29.9242	10.2008	30.4576	1.99
5	4.71648	-29.4257	10.4287	27.7443	2.27
6	9.47321	-29.0445	10.0063	25.3521	2.63
7	2.03647	-28.8258	9.3195	25.8486	1.79
8	4.98983	-28.1565	9.5772	23.8764	2.51
9	7.49375	-27.0916	9.0939	28.1787	2.84

10	5.02074	-29.6561	10.4287	30.1728	2.7
11	4.23663	-28.2458	10.0891	31.0568	2.86
12	7.45268	-28.5194	9.8429	27.7443	2.77
13	7.65999	-28.1121	10.4287	30.1728	3.02
14	2.70978	-29.2941	8.6125	25.6799	1.36
15	4.22250	-28.2683	9.4991	30.1728	2.45
16	5.58029	-28.4962	9.3449	24.0132	2.17
17	5.49811	-28.1121	9.0445	32.3958	2.73
18	7.39144	-27.7021	8.7541	24.1522	2.31

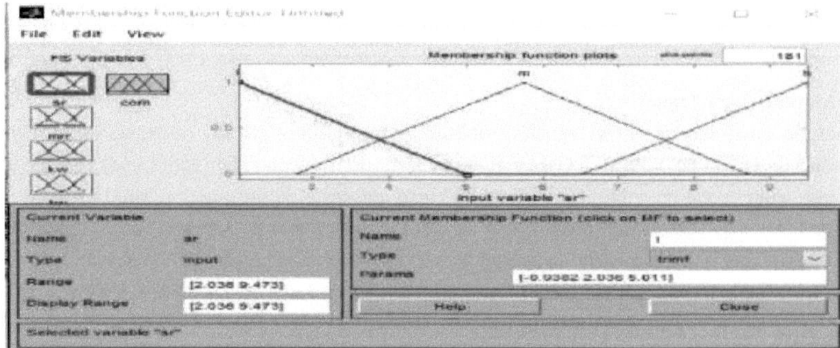

Fig 5.4 função de afiliação para SR

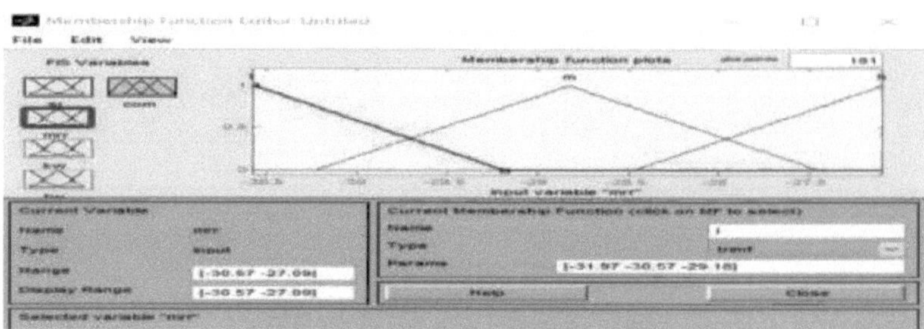

Fig 5.5 função de afiliação para MRR

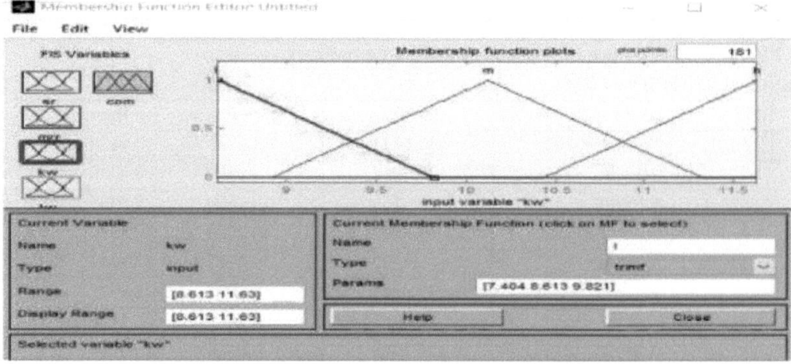

Fig 5.6 função de afiliação para a largura do Kerf

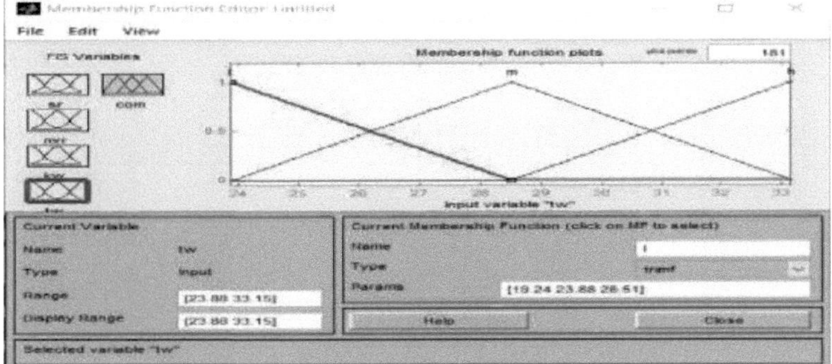

Fig 5.7 Função de afiliação para o desgaste da ferramenta

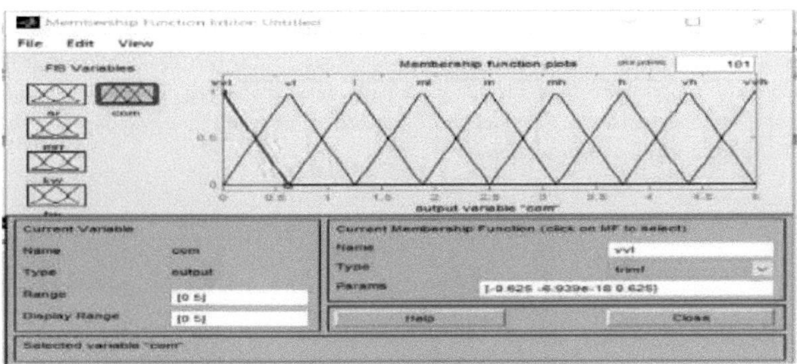

Fig 5.8 Função de membro para COM (medida de saída comum)

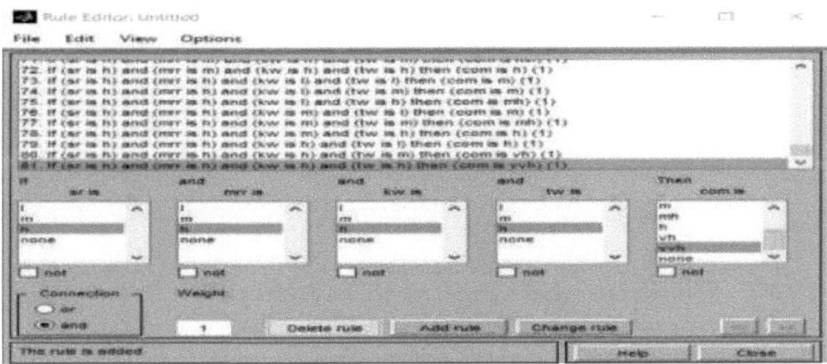

Fig 5.9 visualizador de regras

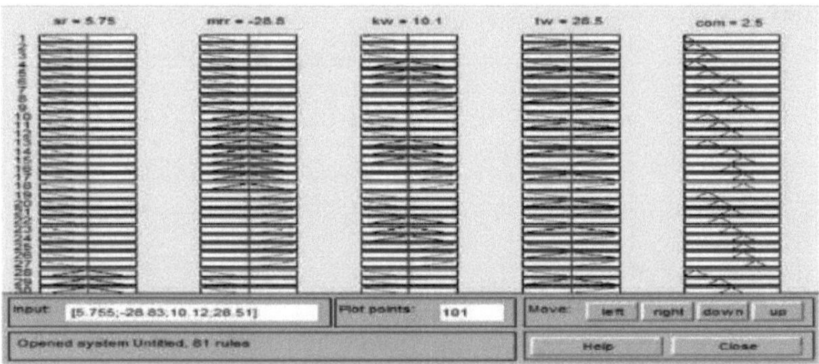

Fig 5.10 Regras difusas

5.3.1 Seleção da combinação óptima de parâmetros influentes

A análise da relação S/N é efectuada com base nos valores COM (A1B2C2D3), obtidos a partir do método Fuzzy. O parâmetro ótimo identificado a partir desta análise (Fig. 5.11) é o tipo de fio do elétrodo: Elétrodo revestido de Zn, tempo de ativação do impulso: 105 |is, tempo de desativação do impulso: 42 |is, corrente de pico: 03 amp

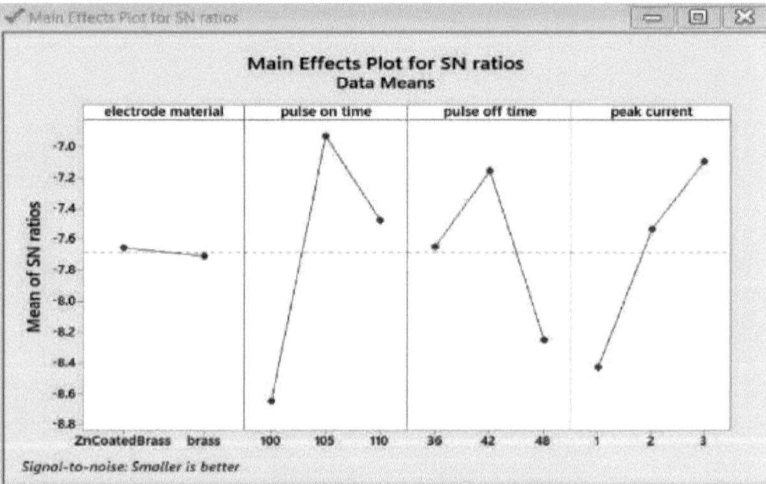

Fig 5.11 Gráficos principais para os rácios SN das médias dos dados de COM

5.3.2 Confirmação dos valores óptimos dos parâmetros Fuzzy-Taguchi

A combinação óptima de parâmetros obtida pelo método Fuzzy-Taguchi (tipo de fio do elétrodo: elétrodo revestido de Zn, tempo de impulso: 105 |is, tempo de impulso: 42 |is, corrente de pico: 03 amperes) está disponível nos dados experimentais (Tabela 4.6). Estes valores são apresentados na Tabela 5.10, caso contrário, teria sido realizado um ensaio de confirmação

Quadro 5.12.Confirmação dos resultados

Método de otimização	Definição óptima dos parâmetros	Respostas de maquinagem				GRG
		Rugosidade da superfície (цт)	Taxa de remoção de material (mm^3/min)	Largura do cordão (mm)	Desgaste da ferramenta (mm)	

| Fuzzy-Taguchi | A1B2C2D3 | 0.336 | 0.0353 | 0.316 | 0.054 | 0.05745 |

5.4 Comparação dos resultados óptimos

Os resultados óptimos obtidos com GRA-Taguchi e Fuzzy-Taguchi são comparados (Tabela 5.10) através dos valores GRG. Verifica-se que o GRA-Taguchi apresenta o melhor GRG, para o seu parâmetro ótimo A1B2C2D1 (tipo de fio do elétrodo: elétrodo revestido de Zn, tempo de ativação do impulso :105 |is, tempo de desativação do impulso:42 ^s, corrente de pico:01 amp), que produz os melhores resultados.

CAPÍTULO-6

CONCLUSÕES

6.1 Introdução

Neste trabalho, os compósitos Al 6101-Se/ B4C /CNT são preparados e testados quanto às suas propriedades. A maquinação por descarga eléctrica com fio é feita no melhor compósito selecionado, variando os parâmetros influentes como o eletrólito, a tensão do fio, a alimentação do fio, o tipo de elétrodo, o tempo de impulso, o tempo de desativação do impulso e a corrente de pico. Os efeitos dos parâmetros do processo nas respostas de maquinagem MRR, SR, Kerf Width e desgaste da ferramenta são estudados e são selecionados os parâmetros ideais do processo. A partir dos resultados, concluem-se as seguintes afirmações.

6.2 Conclusões

i.   O método de fundição por agitação é utilizado com sucesso para a preparação de diferentes compósitos híbridos Al6101- Se/ B4C/ CNT, variando a percentagem em peso dos reforços.

ii. Observa-se uma maior resistência à tração no compósito S5 (AL 6101-98,45% + 0,7% B4C + 0,7% Se +0,15% CNT) devido à formação de uma forte ligação entre o B4C, CNT e o composto Al-Se.

iii. Verifica-se que o aumento da dureza é observado com a adição de diferentes reforços no material de base, sendo o valor máximo obtido para o compósito S5 (AL 6101-98,45% + 0,7% B4C + 0,7% Se +0,15% CNT), devido à presença de B4C/CNT no composto Al-Se.

iv. A resistência ao impacto mais elevada de 37,2 J é observada para o compósito S2 (AL 6101-98,6% + 0,7% B4C +0,7%Se), o que significa que a inclusão de B4C actua como modificador de impacto e aumenta a tenacidade da matriz de alumínio.

v.   Verifica-se que o aumento da resistência ao desgaste é observado com a adição de diferentes reforços no material de base, a perda mínima de desgaste é obtida para o compósito S5 (AL 6101-98,45% + 0,7% B4C + 0,7% Se +0,15% CNT), devido à presença de B4C/CNT no composto Al-Se.

vi. A condutividade eléctrica é mais elevada para o compósito Al 6101-99,15% + 0,15%CNT+ 0,7% B4C (S4) em comparação com os outros compósitos devido à presença de CNT, uma vez que tem uma boa condutividade eléctrica e é uma propriedade importante para fabricar as peças por EDM.

vii. Verifica-se que a propriedade de resistência à flexão é aumentada pela adição de carboneto de boro com composto de selénio em comparação com outras combinações devido à formação de ligações fortes.

viii. A resistência à corrosão do compósito Al 6101-99,15% + 0,7% Se + 0,15% CNT (S3) mostrou-se significativamente elevada em comparação com outros compósitos porque a resistência à corrosão é aumentada devido ao selénio e é a propriedade mais necessária em aplicações marítimas e radiadores de automóveis, etc.

ix. Entre os compósitos desenvolvidos, o melhor material (S5), que possui todas estas boas propriedades, é selecionado através da análise dos dados das caraterísticas utilizando o AHP-GRA.

x.   Os métodos GRA-Taguchi e Fuzzy-Taguchi são aplicados com êxito neste estudo para estabelecer as variáveis de processo óptimas para obter um melhor desempenho do processo EDM. O método GRA-Taguchi deu os melhores resultados em comparação com o método Fuzzy-Taguchi.

xi. De acordo com a análise de variância dos dados experimentais, o tempo de desativação do impulso contribuiu com uma percentagem mais elevada (35,20%), seguido do tempo de ativação do impulso (33,74%), da corrente de pico (12,57%) e do elétrodo (9,07%) nas respostas globais de maquinagem.

xii. Além disso, a combinação de parâmetros óptimos identificados dos parâmetros do processo EDM pode ser utilizada para produzir uma maior taxa de remoção de material, bem como uma menor rugosidade da superfície.

xiii. A metodologia de seleção deste trabalho será um apoio abrangente aos fabricantes para melhorar a taxa de produção e a qualidade dos produtos fabricados com o processo WEDM.

6.3 Âmbito futuro

Além disso, este trabalho pode ser alargado na seguinte direção

i.　Este trabalho pode ser alargado a outros materiais compósitos, como o cobre e o latão, com diferentes reforços.

ii.　Alargar este trabalho a outros processos avançados com diferentes parâmetros e níveis de entrada.

iii.　Podem ser efectuados estudos da microestrutura dos compósitos após o processo de shotpeening.

BIBLIOGRAFIA

1. A.Chandrashekar, B.S. Ajaykumar, H.N. Reddappa, "Comportamento mecânico, estrutural e de corrosão de compósitos de matriz metálica AlMg4.5/Nano Al2O3", Materials Today: Proceedings, Volume 5, Edição 1, Parte 3, 2018, Páginas 2811-2817.

2. A.Conde, J.A. Sanchez, S. Plaza, M. Ostolaza, I. de la Puerta, Z. Li, "Experimental Measurement of Wire-lag Effect and Its Relation with Signal Classification on Wire EDM",Procedia CIRP,Volume 68,2018,Pages 132-137.

3. Ali Abdolahi, Matthias Risto , Rudiger Haas, "Non-Dimensional Analysis and optimization of EDM Drilling process, using an innovative function", Procedia CIRP,volume 68, 2018,páginas 248 - 253.

4. Amal M.K. Esawi , Mostafa A. El Borady, "Carbon nanotube-reinforced aluminium strips", Composites Science and Technology 68 (2008) 486-492.

5. Amresh Kumar, Neelkanth Grover, Alakesh Manna, Raman Kumar, "Otimização multiobjetivo de WEDM de compósitos híbridos de alumínio usando AHP e algoritmo genético", Arabian Journal for Science and Engineering (2021).

6. Andrea Gommeringer, Ulrich Schmitt-Radloff , Philipp Ninz , Frank Kern, "Cerâmica ED-Machinable com matriz de óxido: Influência do tamanho das partículas e da fração volumétrica da fase condutora eléctrica nas propriedades mecânicas e eléctricas e nas caraterísticas de EDM",Procedia CIRP,volume 68, 2018,páginas 22 - 27.

7. Ashish Srivastava e Amit Dixit, "Experimental Investigation of Wire EDM Process Parameters on Aluminium Metal Matrix Composite Al2024/SiC", International Journal of Advance Research and Innovation,Volume 2, Issue 2 (2014) .

8. Ashish Srivastava e Amit Dixit, "Experimental Investigation of Wire EDM Process Parameters on Aluminium Metal Matrix Composite Al2024/SiC", International Journal of Advance Research and Innovation,Volume 2, Issue 2 (2014) 511-515.

9. ASTM G 31 - 72(2004), "Standard Practice for Laboratory Immersion Corrosion Testing of Metals", 100 Barr Harbor Drive, West Conshohocken, PA 19428-2959, Estados Unidos.

10. B.G.Park, A.G. Crosky, A.K. Hellier, "Material characterisation and mechanical properties of Al2O3-Al metal matrix composites", journal of materials science 36(2001) 2417 - 2426.

11. Babasaheb Shinde & Raju Pawade , "Study on analysis of kerf width variation in WEDM of insulating zirconia", Materials and Manufacturing Processes,2021, 36:9, 1010-1018.

12. Bagal, Dilip & Barua, Abhishek & Jeet, Siddharth & Satapathy, Pratyashi & Patnaik, Dulu, "Otimização MCDM de parâmetros para aço inoxidável usinado por fio-EDM usando RSM-TOPSIS híbrido, algoritmo genético e recozimento simulado", Jornal Internacional de Engenharia e Tecnologia Avançada (2019), 9, 366-371.

13. Bharat Kumar, Jyoti V.Menghani, "Compósitos de matriz metálica à base de alumínio por fundição por agitação: uma revisão da literatura", Int. J. Materials Engineering Innovation, Vol. 7, No. 1, 2016.

14. Bodukuri anil kumar, "Combinações de composições na fração volumétrica de compósitos", Ceramics international, Volume 42, Edição 1, Parte A, (2016), Pp 56-81.

15. Chakladar N D e Chakraborty S, "A combined TOPSIS-AHP-method-based approach for non-traditional machining processes selection",Proceedings of the Institution of Mechanical Engineers, Part B: Journal of Engineering Manufacture 2008 .

16. ChawlaNikhilesh e ShenYu-Lin, "Mechanical Behavior of Particle Reinforced Metal Matrix Composites", Advanced Engineering Materials, vol. 3, no. 6, 2001, 357-370.

17. Chiang, Ko-Ta & Chang, Fu-Ping. (2006). "Otimização do processo WEDM de material reforçado com partículas com caraterísticas de desempenho múltiplas utilizando a análise relacional cinzenta",

Journal of Materials Processing Technology (2006), 180, 96-101.

18. Chunfeng Deng, Xuexi Zhang, Yanxia Ma, Dezun Wang, "Fabrication of aluminum matrix composite reinforced with carbon nanotubes", Rare Metals, Volume 26, Número 5, 2007, Páginas 450-455.

19. D.M Kennedy, M.S.J Hashmi, "Methods of wear testing for advanced surface coatings and bulk materials", Journal of Materials Processing Technology, Volume 77, Issues 1- 3, 1998, Pages 246-253.

20. Dabadea U. A.e Karidkarb S. S, "Analysis of response variables in WEDM of Inconel 718 using Taguchi technique", 48th CIRP Conferences on Manufacturing Systems -CIRP CMS 2015, Procedia CIRP,Volume 41,2016,Pages 886-891.

21. Di, Shichun & Chu, Xuyang & Wei, Dongbo & Wang, Zhenlong & Chi, Guan & Liu, Yuan. "Analysis of kerf width in micro-WEDM", International Journal of Machine Tools & Manufacture , 49, 788-792.

22. Diyaley, S., Shilal, P., Shivakoti, I., Ghadai, R. K., Kalita, K. "PSI and TOPSIS Based Selection of Process Parameters in WEDM", Periodica Polytechnica Mechanical Engineering, 61(4), pp. 255-260, 2017.

23. Dr. Ramesh B T, "Fabrication of stir casting Setup for Metal Matrix Composite", revista internacional de investigação científica e desenvolvimento, Vol.5, Issue 06,2017.

24. Dr. Syed Ahamed, Shilpa P C, Roshan J D, "Uma revisão da literatura sobre o compósito de matriz metálica de alumínio-6061", Revista Internacional de Investigação em Engenharia e Tecnologia, Volume: 06 Edição: 06, junho de 2019.

25. F. Klocke, L. Welschof, T. Herrig, A. Klink, "Evaluation of Contemporary Wire EDM for the Manufacture of Highly Loaded Titanium Parts for Space Applications",Procedia Manufacturing,Volume 18,2018,Pages 146-151.

26. F. Klocke, M. Mohammadnejad, M. Holsten , L. Ehlec , M. Zeis, A. Klink, "A comparative study of polarity-related effects in single discharge EDM of titanium and iron alloys", Procedia CIRP,volume 68, 2018, páginas 52 - 57.   2-17

27. F. Klocke, S. Schneider, B. Frauenknecht, L. Hensgen, A. Klink, K. Oswald, "Análise termográfica da distribuição da localização de faíscas em EDM de afundamento", Procedia CIRP, Volume 68, 2018, Páginas 280-285.

28. Faisal Hasan, P.K.Jain, Dinesh Kumar, "Machine Reconfigurability Models Using MultiAttribute Utility Theory and Power Function Approximation", International Conference On Design And Manufacturing, IConDM 2013.

29. G. Walder, D. Fulliquet, N. Foukia, F. Jaquenod, M. Lauria, R. Rozsnyo, B. Lavazais, R. Perez, "Smart Wire EDM Machine", Procedia CIRP, Volume 68, 2018, Páginas 109-114.

30. Guangwei Huang, Weiwen Xia, Ling Qin, Wansheng Zhao, "Estimativa online da altura da peça de trabalho para EDM de fio móvel recíproco com base na máquina de vetor de suporte", Procedia CIRP, Volume 68, 2018, Páginas 126-131.

31. Gurusamy, Selvakumar & SORNALATHA, G. & Sarkar, Shriya & Mitra, Souren. (2014). "Investigação experimental e otimização multi-objetivo da usinagem de descarga elétrica de fio (WEDM) da liga de alumínio 5083", Transações da Sociedade de Metais Não Ferrosos da China (2014), 24, 373-379.

32. H.B. Zhang a , B. Wang, Y.T. Zhang , Y. Li , J.L. He , Y.F. Zhang, "Influência do tratamento de envelhecimento na microestrutura e nas propriedades mecânicas dos compósitos CNTs/7075 Al", Journal of Alloys and Compounds 814 (2020) 152357.

33. H.M. Zakaria, "Microstructural and corrosion behavior of Al/SiC metal matrix composites" , A in Shams Engineering Journal,Volume 5, Issue 3,2014,Pages 831-838.

34. H.R. Gurupavan, T.M. Devegowda, H.V. Ravindra, G. Ugrasen, "Estimativa do desempenho de usinagem em WEDM de material composto de matriz metálica à base de alumínio usando ANN",

Materials Today: Proceedings,Volume 4, Edição 9,2017,Páginas10035-10038   .
3-19
35. Harinath Gowd G, M.Gunasekhar reddy, Bathina Sreenivasulu, Manu Ravuri, "Otimização multiobjectivo dos parâmetros de processo em WEDM durante a maquinagem de SS304", Procedia Materials Science, Volume 5, 2014, Páginas 1408-1416.
36. Ishwer Shivakoti, Bal Bahadur Pradhan,Sunny Diyaley,Ranjan Kumar Ghadai, Kanak Kalita, "Seleção baseada em Fuzzy TOPSIS dos parâmetros do processo de micro-marcação por feixe de laser," Arab J Sci Eng (2017), 42:4825-4831.
37. J P Agrawal, "Composite Materials", Scientist Explosives Research & Development Laboratory, Pune, publicado pela DESIDOC, 1990.
38. J.B. Saedon, Norkamal Jaafar, Mohd Azman Yahaya, NorHayati Saad, Mohd Shahir Kasim, "Otimização Multi-objetivo da Liga de Titânio através de Matriz Ortogonal e Análise Relacional Cinzenta em WEDM", Procedia Technology, Volume 15, 2014, Páginas 832-840.
39. J.Jebeen Moses, I.Dinaharan, S. Joseph Sekhar, "Caracterização de compósitos de liga de alumínio AA6061 reforçados com partículas de carboneto de silício produzidos por fundição por agitação", Procedia Materials science 5 (2014) 106 - 112.
40. J.L Lin, C.L Lin, "The use of the orthogonal array with grey relational analysis to optimize the electrical discharge machining process with multiple performance characteristics",International Journal of Machine Tools and Manufacture,Volume 42, Issue 2,2002,Pages 237-244.
41. J.Udaya Prakash, T.V. Moorthy, J. Milton Peter, "Experimental Investigations on Machinability of Aluminium Alloy (A413)/Flyash/B4C Hybrid Composites Using Wire EDM",Procedia Engineering,Volume 64,2013,Pages 1344-1353.
42. Jafari, R., Kahya, M., Oliaei, S.N.B.Oliaei, Hakki Ozgur Unver, Tuba Okutucu Ozyurt, "Modelagem e análise da rugosidade superficial de micro canais produzidos por ц-WEDM usando um método ANN e Taguchi". J Mech Sci Technol 31, 5447-5457 (2017).
43. Jaksan D. Patel, Kalpesh D. Maniya, "Aplicação do método AHP/MOORA para selecionar os parâmetros do processo de maquinagem por descarga eléctrica para cortar ligas de aço EN31 com fio de latão", Materials Today: Proceedings, Volume 2, Questões 4-5, 2015, Páginas 2496-2503.
44. Jigar Suthar & K. M. Patel, "Processing issues, machining, and applications of aluminum metal matrix composites", Materials and Manufacturing Processes 33 (5), 499-527.
45. Jung, Jong & Kwon, Won, " Otimização do processo EDM para caraterísticas de desempenho múltiplas utilizando o método Taguchi e a análise relacional Grey", Journal of Mechanical Science and Technology(2010),24, 1083-1090.
46. K. Mouralova, J. Kovar, L. Klakurkova, J. Bednar, L. Benes, R. Zahradnicek, "Análise da morfologia e topografia da superfície do alumínio puro maquinado com WEDM", Measurement, Volume 114, 2018, Páginas 169-176.
47. K.G. Thirugnanasambantham a , T. Sankaramoorthy b, M. Vaysakh a , S.Y. Nadish a , Siddhanth Madhavan, "A critical review: Effect of the concentration of carbon nanotubes (CNT) on mechanical characteristics of aluminium metal matrix composites", Materials Today: Proceedings 45 (2021) 2890-2896.
48. Kalpesh Maniya e M.G.Bhatt, "A selection of material using a novel type decisionmaking method: Preference selection index method", Materials and Design 31 (2010) 1785-1789.
49. Kamlesh Joshi , Upendra Bhandarkar , Indradev Samajdar , Suhas S. Joshi1, "Microstructural characterization of thermal damage on silicon wafers sliced using wire-EDM", journal of Manufacturing Science and Engineering,140(9),2018.
50. Kandasamy, Raju & Balakrishnan, M, " Experimental study and analysis of operating parameters in wire EDM process of aluminium metal matrix composites". Materials Today:

Proceedings,2020,volume22,Pages869-873.

51. Kumar, A., & Upadhyay, C, "Experimental investigation and optimization of machining performance characteristics during WEDM of inconel 718: On evaluation of wire electrodes and advanced parameter techniques", Proceedings of the Institution of Mechanical Engineers, Part C: Journal of Mechanical Engineering Science, 236(3), 16451665.

52. Kumar, A., Grover, N., Alakesh manna,Raman Kumar,Jasgurpreet Singh Chohan,sandeep singh,sunpreet singh,Catalin Iulian Pruncu, "Multi-Objective Optimization of WEDM of Aluminum Hybrid Composites Using AHP and Genetic Algorithm", Arab J Sci Eng (2021).

53. Kumar, H., Manna, A., & Kumar, R., "Modelagem e otimização multi-resposta baseada na abordagem de desejabilidade dos parâmetros WEDM na usinagem de compósito de matriz metálica de alumínio", Journal of the Brazilian Society of Mechanical Sciences and Engineering, 2018, 40, 1-19.

54. Kumar, Kamal & Grover, Sandeep & Aggarwal, Aman, "Otimização simultânea da taxa de remoção de material e da rugosidade da superfície para WEDM do compósito WCCo utilizando a análise relacional cinzenta juntamente com o método Taguchi". International Journal of Industrial Engineering Computations (2011), 2, 479-490.

55. Li Guiqin, K. Fanhui, Lu Wenle, Y. Qingfeng e F. Minglun, "The Neural-fuzzy Modeling and Genetic Optimization in WEDM," 2007 IEEE International Conference on Control and Automation, 2007, pp. 1440-1443.

56. Lin, C., Lin, J. & Ko, T, "Optimisation of the EDM Process Based on the Orthogonal Array with Fuzzy Logic and Grey Relational Analysis Method", Int J Adv Manuf Technol 19, 271-277 (2002).

57. Lin J.L e Lin C.L, "The use of the orthogonal array with grey relational analysis to optimize the electrical discharge machining process with multiple performance characteristics", International Journal of Machine Tools & Manufacture 42 (2002) 237244.

58. M. Durairaja , D. Sudharsunb, N. Swamynathan, "Análise de Parâmetros de Processo em EDM de Fio com Aço Inoxidável usando o Método Taguchi de Objetivo Único e Grau Relacional Cinza Multiobjetivo", Conferência Internacional sobre Design e Fabricação, IConDM 2013.

59. M. El-khatib a , M. Elsafi a, M.I. Sayyed b , M.I. Abbas a , Mostafa El-Khatib, "Impact of micro and nano aluminium on the efficiency of photon detectors", Results in physics, 30, (2021) 104908.

60. M. Kliueva , C. Baumgarta , K. Wegenera, "Fluid Dynamics in Electrode Flushing Channel and Electrode-Workpiece Gap During EDM Drilling", Procedia CIRP 68 (2018) 254 - 259.

61. M. K. Sahu e R. K. Sahu, "Fabricação de compósitos de matriz de alumínio por técnica de fundição por agitação e otimização de parâmetros de processo de agitação", em Advanced Casting Technologies, Londres, Reino Unido: IntechOpen, 2018.

62. M. Rozenek, J. Kozak, L. Dgbrowski, K. tubkowski/'Electrical discharge machining characteristics of metal matrix composites",Journal of Materials Processing Technology,Volume 109, Issue 3,2001,Pages 367-370.

63. M. S. Sukumar, K. Anand Babu e P. Venkataramaiah, "Exploração do comportamento mecânico de compósitos de matriz metálica de alumínio reforçado com Al2O3", Elixir Mech. Engg, 72(2014), 25462-25465.

64. Maheswara Rao Ch, "Otimização dos parâmetros do processo de EDM de fio utilizando um método composto de TOPSIS baseado em AHP," International Journal of Engineering Research & Technology, Volume 7, Edição 03.

65. Majumder, H., & Maity, K, "Prediction and optimization of surface roughness and microhardness using grnn and MOORA-fuzzy-a MCDM approach for nitinol in WEDM", Measurement, 118, 1-13.

66. Manohar Reddy Mattli, "Distribuição uniforme de reforços de Sic e TiO2 na matriz de alumínio", IOP Conference Series: Engenharia de Ciência dos Materiais, 2016, 149, Artigo ID: 012088.

67. Md Ehsan Asgar e Ajay Kumar Singh Singholi, "Parameter study and optimization of WEDM

process: Uma revisão", Série de conferências IOP: Ciência e Engenharia de Materiais 2018, 404 012007.

68. Michael B. Heaney, "Electrical conductivity and resistivity" (1999) da CRC Press LLC.

69. Michael Oluwatosin, "Combination of reinforcing materials used in the processing of hybrid aluminum matrix composites", Journal of Alloys and compounds 482 (2009) 516521.

70. Miss. Laxmi, Sr. Sunil Kumar, "Fabrico e ensaio de compósitos de matriz metálica de liga de alumínio 6061 e carboneto de silício", Revista Internacional de Investigação em Engenharia e Tecnologia, Volume: 04, Edição: 06, junho de 2017.

71. Mohammed Imran, A.R. Anwar Khan, "Caracterização de compósitos de matriz metálica Al-7075: uma revisão", Journal of Materials Research and Technology, Volume 8, Edição 3, 2019, Páginas 3347-3356.

72. Mouralova, K., Kovar, J., Klakurkova, L., e Prokes, T., "Effect of Width of Kerf on Machining Accuracy and Subsurface Layer After WEDM", Journal of Materials Engineering and Performance,2018.

73. Sr. Rakesh Kumar, Jaskarn Singh, Rishavraj Singh, "Revisão dos efeitos dos parâmetros de processo na EDM de corte de fio e desenvolvimento de eléctrodos de fio", IJIRST - Jornal Internacional para a Investigação Inovadora em Ciência e Tecnologia, Volume 2, Edição 11, abril de 2016.

74. Mukhopadhyay, Arkadeb & Barman, Tapan & Sahoo, Prasanta & Davim, J, "Modelação e otimização da dimensão fractal na maquinagem por descarga eléctrica com fio do aço EN 31 utilizando a abordagem ANN-GA", Materials(2019),volume 12,páginas 454.

75. Ociel Rodnguez Perezl, J. A. Gartfa-Hinojosal, "Corrosion Behavior of A356/SiC Alloy Matrix Composites in 3.5% NaCl Solution", Int. J. Electrochem. Sci., 14 (2019) 7423 - 7436.

76. Omkar Bamane, Sanket Patil, Lucky Agarwal, P. Kuppan, "Fabricação e caraterização do compósito de matriz metálica AA7075 reforçado com MWCNT", Materials Today: Proceedings 5 (2018) 8001-8007.

77. P. Gurusamy, S. Balasivanandha Prabu & R. Paskaramoorthy "Influência das temperaturas de processamento nas propriedades mecânicas e na microestrutura de compósitos de liga de alumínio fundido por compressão", Materials and Manufacturing Processes (2015), 30:3, 367-373.

78. Palkar Aman Manohar, Ghanshyam Das, Nitesh Kumar Sinha, Rohit Kumar Mishra, "Efeito do processo de recozimento na resistência à corrosão da liga de alumínio 7075-T6", International Research Journal of Engineering and Technology, Volume: 04 Edição: 07, julho -2017.

79. Prasad, A., Ramji, K., Kolli, M., & Krishna, G.V., "Otimização de múltiplas respostas dos parâmetros do processo de usinagem para usinagem de descarga elétrica de fio da liga Ti-6Al-4V induzida por chumbo usando o método AHP-TOPSIS", Journal of Advanced Manufacturing Systems, Vol. 18, No. 2 (2019) 213-236.

80. Prem Shankar Sahu, R. Banchhor, "Fabrication methods used to prepare Al metal matrix composites- A review", International Research Journal of Engineering and Technology, Volume: 03 Issue: 10,Oct -2016.

81. Pujara, J.M. & Kothari, Kartik & Gohil, A.V, "Uma investigação da taxa de remoção de material e kerf em WEDM através da análise relacional cinzenta". Jornal de Engenharia Mecânica e Ciências, Volume 12, Edição 2, pp. 3633-3644 (2018).

82. Pujari Srinivasa Rao, Koona Ramji, Beela Satyanarayana, "Investigação experimental e otimização dos parâmetros de EDM de fio para a rugosidade da superfície, MRR e camada branca na maquinagem da liga de alumínio", Procedia Materials Science, Volume 5, 2014, Páginas 21972206.

83. Pushpendra Kumar Jain, Prashant Baredar, S.C.Soni, "Desenvolvimento de compósito de matriz metálica de alumínio 6101 reforçado com partículas de carboneto de silício utilizando fundição por

agitação em duas etapas", Materials Today: Proceedings 18(2019) 3521-3525.

84. RaghuY, V., Kumar, G.M., Sateesh, D.J., & Madhusudhan, T.R. (2017). "Investigação das propriedades mecânicas e taxa de desgaste de MMCs de alumínio A356 -SiC processados pelo método de metalurgia do pó", International Research Journal of Engineering and Technology Volume: 04 Issue: 08, Aug -2017.

85. Rajeshwari L. Walikar, Prajakta Patil, "Estudo do compósito de matriz metálica Al-Cu-Ag Np para aplicação em EDM", International Research Journal of Engineering and Technology, Volume: 02 Issue: 05, Aug-2015.

86. Rajyalakshmi G e Venkata Ramaiah P , "Application of Taguchi, Fuzzy-Grey Relational Analysis for Process Parameters Optimization of WEDM on Inconel-825," Indian Journal of Science and Technology, Vol 8(35),December 2015.

87. Rao, T.B., Krishna, A.G, "Seleção de parâmetros de processo óptimos em WEDM durante a maquinagem de compósitos de matriz metálica Al7075/SiCp", Int J Adv Manuf Technol 73, 299-314 (2014).

88. R. George, K.T. Kashyap, R. Rahul, S. Yamdagni, "Strengthening in carbon nanotube/aluminium (CNT/Al) composites", Scripta Materialia, volume 53, número 10, 2005, páginas 1159-1163.

89. S Vijayabhaskar, T Rajmohan, T V Pranay Sisir, JVS Phani Abishek, D Sharukh khan e R Mohankrishna Reddy, "Revisão dos estudos WEDM sobre compósitos de matriz metálica", série IOP Conference: Materials Science andEngineering 390 (2018) 012051.

90. Saha, Probir & Singha, Abjijit & Pal, Surjya & Saha, P. "Soft computing models based prediction of cutting speed and surface roughness in wire electro-discharge machining of tungsten carbide-cobalt composite",International Journal of Advanced Manufacturing Technology(2008), 39, 74-84.

91. Samy, Muniappan Appu & Thiagarajan, C. & Somasundram, S, "Parametric Optimization of KERF Width and Surface Roughness in Wire Electrical Discharge Machining (WEDM) of Hybrid Aluminium (Al6061/SIC/GRAPHITE) Composite using TAGUCHI-Based Gray Relational Analysis",International Journal of Mechanical & Mechatronics Engineering,Vol:17,pages 95-103.

92. Saravanakumr.K, Venkatesh.S, Harikumar.P, Kannan.K, Jayapal.V, "Studies on Aluminium-graphite by Stir Casting Technique",International Journal of Scientific & Engineering Research, Volume 4, Issue 9, September-2013.

93. Shivade, A.S., Shinde, V.D, "Otimização multi-objetivo em WEDM de aço ferramenta D3 utilizando uma abordagem integrada do método Taguchi e análise relacional Grey", J Ind Eng Int 10, 149-162 (2014) .

94. Shivraj Koti, S B Halesh, Madeva Nagaral, V Auradi R&D Centre, "Mechanical Behavior of AA7475-B4C Composites", International Journal of Engineering Research & Technology, vol:4, Issue 31.

95. Pradhan, Tapan Kumar Barman, Prasanta Sahoo, Goutam Sutradhar, "Wear Behavior of Al-SiC Metal Matrix Composite under various Corrosive Environments", materials Science and Engineering 149 (2016) 012088.

96. Sonia Simoes a, Filomena Viana a , Marcos A.L. Reis b , Manuel F. Vieira, "Melhor dispersão de nanotubos de carbono em nanocompósitos de alumínio", composite Structures 108 (2014) 992-1000.

97. Soundararajan, R., Ramesh, A., Mohanraj, N., & Parthasarathi, N.L, "An investigation of material removal rate and surface roughness of squeeze casted A413 alloy on WEDM by multi response optimization using RSM", Journal of Alloys and Compounds, 685, 533545.

98. Sourabh Kumar Sonia , Benedict Thomasa, Vishesh Ranjan Kar, "A Comprehensive Review on CNTs and CNT-Reinforced Composites: Syntheses, Characteristics and Applications", Materials today communications 25 (2020) 101546.

99. Suryanarayanan K. , R. Praveen , S. Raghuraman, "Compósitos de matriz metálica de alumínio

reforçado com carboneto de silício para aplicações aeroespaciais: A Literature Review", Vol. 2, Issue 11, novembro de 2013.

100. T Singha , J P Misraa , B Singh, "Experimental Investigation of Influence of Process Parameters on MRR during WEDM of Al6063 alloy", Materials Today: Proceedings 4 (2017) 2242-2247.

101. T Singha , J P Misraa , B Singh, "Experimental Investigation of Influence of Process Parameters on MRR during WEDM of Al6063 alloy", Materials Today: Proceedings 4 (2017)2242-2247.

102. T. Albert, C. Pravin Tamil Selvan, "preparação e propriedades do compósito de alumínio", revista internacional de ciências da engenharia e tecnologia de pesquisa, 6 (5): maio, 2017.

103. T. Bergs, U. Tombul, T. Herrig, M. Olivier, A. Klink, F. Klocke, "Analysis of Characteristic Process Parameters to Identify Unstable Process Conditions during Wire EDM", 18.ª Conferência sobre Inovações de Maquinação para a Indústria Aeroespacial, MIC 2018.2-7

104. Tahir, W., Jahanzaib, M., & Raza, A, "Effect of process parameters on cutting speed of wire EDM process in machining HSLA steel with cryogenic treated brass wire", Advances in Production Engineering & Management,Volume 14,Number 2,June 2019,pp 143-152.

105. Tomohiro Koyanoa, Taishi Takahashia , Seiya Tsurutania , Akira Hosokawaa , Tatsuaki Furumotoa , Yohei Hashimoto, "Temperature Measurement of Wire Electrode in Wire EDM by Two-color Pyrometer", Elsevier, Procedia CIRP 68 (2018) 96 - 99.

106. U. Ashok Kumar, G. Saidulu, P. Laxminaryana, "Investigação experimental dos parâmetros do processo de maquinagem da liga Nimonic 75 utilizando EDM de corte de fio", Materials Today: Proceedings, Volume 27, Parte 2, 2020, Páginas 1362-1368.

107. Ulrich Schmitt-Radloff , Andrea Gommeringer , Patrick Assmuth, "Effects of composition on mechanical and ED-machining characteristics of zirconia toughened alumina - titanium carbide (ZTA-TiC) composite ceramics", Procedia CIRP, volume 68, 2018, páginas 17 - 21.

108. Ulrich Schmitt-Radloff, Frank Kern, Rainer Gadow, "Wire EDM of ZTA-NbC Dispersion Ceramics - The Influence of ED Machining on Mechanical Properties",Procedia CIRP,Volume 68,2018,Pages 91-95.

109. Varun, A., Venkaiah, N., "Simultaneous optimization of WEDM responses using grey relational analysis coupled with genetic algorithm while machining EN 353", Int J Adv Manuf Technol 76, 675-690 (2015).

110. Venumurali, J. e Reddy, G., "Influência da estrutura nanocristalina no comportamento de desgaste e corrosão do composto Al-SiCP", Journal of Minerals and Materials Characterization and Engineering (2020), 8, 47-58.

111. Vijayabhaskar, S., Rajmohan, T., "Investigação Experimental e Otimização de Parâmetros de Usinagem em WEDM de Compósitos de Matriz de Magnésio Reforçados com Partículas de Nano-SiC", Silicon 11, 1701-1716 (2019).

112. Vijayaraj R e Gowri S, "Study on parametric influence, optimisation and modeling in micro-WEDM of Al alloy", Int. J. Abrasive Technology, Vol. 3, No. 2, 2010.

113. Virat Khanna a , Vanish Kumar b, Suneev Anil Bansal, "Mechanical properties of aluminium-graphene/carbon nanotubes (CNTs) metal matrix composites: Avanço, oportunidades e perspetiva", Boletim de Pesquisa de Materiais 138 (2021).

114. Xiang Chen, Yukui Wang, Zhenlong Wang, Hongzheng Liu, Guanxin Chi, "Estudo sobre micro reciprocated wire-EDM para estrutura de indexação complexa", Procedia CIRP 68 (2018)120-125.

APÊNDICE

Artigos publicados com base neste trabalho

1.   M.Hari Prasad, P. Venkata Ramaiah, "Fabrico e caraterização de nano-compósitos de matriz metálica de alumínio 6101-Selénio/carboneto de boro/nanotubos de carbono", Materials Today: Proceedings,2022,ISSN 2214-7853.

2.   M. Hari Prasad , P. Venkata Ramaiah, "Analysis of machining responses in EDM of Al6101-Se/B4C/CNT Composite", Manufacturing Technology Today, Vol. 21, No. 3-4, Mar-Abr 2022

3.   M. Hari Prasad, P. Venkata Ramaiah, "Estudo sobre a influência dos reforços em diferentes propriedades dos compósitos de matriz metálica híbrida de alumínio". 3ª Conferência Internacional sobre Processamento e Caracterização de Materiais (ICPCM- 2021). Departamento de engenharia metalúrgica e de materiais, NIT, Rourkela, Odisha.

Printed by Books on Demand GmbH, Norderstedt / Germany